西电科技专著系列丛书

人工表面等离激元的模式转换及应用

Mode Modulation and Applications of Spoof Surface Plasmon Polaritons

尹佳媛 杜晓宇 尹应增 邓敬亚 著

U0353383

西安电子科技大学出版社

内 容 简 介

本书系统地介绍了人工表面等离激元的基本理论、模式分析方法、模式转换方法，以及人工表面等离激元在新型天线设计方面的应用。

全书共 5 章。第 1 章介绍人工表面等离激元模式转换及应用的研究背景与意义、国内外研究现状和本书内容安排等；第 2 章介绍人工表面等离激元的基本概念及理论基础，如色散特性分析及验证；第 3 章介绍寄生结构对人工表面等离激元模式的作用，以及相关天线的设计、仿真和测试结果；第 4 章介绍相位反转结构对人工表面等离激元模式的作用，以及相关天线的设计、仿真和测试结果；第 5 章介绍阻抗调制对人工表面等离激元模式的作用，以及相关天线的设计、仿真和测试结果。利用这些转换手段，可以实现不同种类、不同功能的基于人工表面等离激元的新型天线设计。

本书可作为电磁场与微波技术、无线电物理等专业研究生的教材，也可作为人工表面等离激元特性研究、新型天线设计等相关领域研究人员的参考书。

图书在版编目(CIP)数据

人工表面等离激元的模式转换及应用 / 尹佳媛等著. --西安:西安电子科技大学出版社，2023.12
ISBN 978 - 7 - 5606 - 7077 - 5

Ⅰ. ①人… Ⅱ. ①尹… Ⅲ. ①表面—等离子体—应用—天线设计—研究
Ⅳ. ①TN82

中国国家版本馆 CIP 数据核字(2023)第 213310 号

策　　划　刘小莉　戚文艳
责任编辑　雷鸿俊
出版发行　西安电子科技大学出版社(西安市太白南路 2 号)
电　　话　(029)88202421　88201467　　　　邮　　编　710071
网　　址　www.xduph.com　　　　　　　　电子邮箱　xdupfxb001@163.com
经　　销　新华书店
印刷单位　广东虎彩云印刷有限公司
版　　次　2023 年 12 月第 1 版　　　　　　　2023 年 12 月第 1 次印刷
开　　本　787 毫米×960 毫米　　1/16　　　印　张　9.25
字　　数　159 千字
定　　价　43.00 元
ISBN 978 - 7 - 5606 - 7077 - 5/TN
XDUP 7379001 - 1
﹡﹡﹡﹡﹡ 如有印装问题可调换 ﹡﹡﹡﹡﹡

前　言

人工表面等离激元(Spoof Surface Plasmon Polariton,SSPP)是一种特殊的表面波,其传输线具有平面化、损耗低、束缚性强、易集成等优点,十分适用于微波及毫米波的天线设计,为实现小型化、高增益、低成本、多功能的新型天线提供了新的研究方向,因此逐渐受到了研究人员的广泛关注。

本书主要介绍人工表面等离激元的基本理论、模式分析、模式转换方法,以及人工表面等离激元在新型天线设计方面的应用。具体的模式转换方法包括加载寄生结构、加载相位反转结构以及采用表面阻抗调制。寄生结构主要用于耦合人工表面等离激元传输线上的能量,而后再由寄生结构实现能量的辐射。相位反转结构和表面阻抗调制则主要用于破坏人工表面等离激元的稳定传输模式,从而实现能量泄漏,完成人工表面等离激元模式向辐射模式的转换。本书还将介绍基于这几种模式转换方式的新型天线设计,包括天线的设计思路、原理分析、仿真及测试结果等。

本书注重对基本概念和基本原理的讲解,并给出多种天线的设计实例,对初入人工表面等离激元领域的本科生或研究生具有一定的指导作用。通过本书的学习,读者能快速了解人工表面等离激元的基本理论和基于人工表面等离激元的天线设计技术,为全面了解该领域奠定基础。同时,本书可作为参考书,为研究人员设计高性能新型天线提供较为基础、全面的理论指导。

本书共 5 章。邓敬亚撰写第 1 章,尹佳媛撰写第 2~4 章并统编全稿,杜晓宇和尹应增共同撰写第 5 章。徐俊珺博士在本书第 4 章的编写过程中做了很多工作,在此特别表示感谢。曹新月,刘立喆在本书校对过程中做了许多工作,在此同样表示感谢。本书的出版得到了 2020 年西安电子科技大学科技专著出版基金(1015 - 20199216566)的资助。

由于作者学识有限,书中难免有不足之处,恳请广大读者批评指正。

作　者
2023 年 7 月

目　录

第1章 绪 论

随着无线通信、雷达感知等新型信息系统性能的不断提高,射频、微波、毫米波乃至太赫兹集成电路技术面临着新的挑战,高度集成化、小型化以及多功能化成为通信系统设计的趋势。作为电子信息系统中的关键部件,传输线及其衍生器件可完成信号输送、功率分配、滤波选择等功能,在系统整体性能提高方面发挥着重要作用。而高性能信息系统亦为这些器件的设计提出了新的设计需求,如器件的高度小型化和共形化设计、对信号邻间串扰的高度抑制以及良好的信号完整性等。得益于学术研究的不断深入及电子材料和加工技术的发展,微带传输线、共面波导、平行带线以及基片集成波导等传统传输线技术在过去的几十年里得到了广泛的应用。这些技术在应用过程中所暴露出来的缺点(如微带传输线在毫米波以及太赫兹频段损耗过高)亦鞭策人们继续探究新型传输线技术,以求在电磁波调控方面实现性能突破。近年来,具有亚波长电磁调控能力的人工表面等离激元传输线在共形、场束缚、低损耗等方面表现出巨大的应用潜力,受到了人们的广泛关注。

1.1 研究背景及意义

天线作为接收和发射电磁波的装置,在无线系统中的地位举足轻重,其性能的好坏,直接影响到整个无线系统的性能。随着无线技术的发展,无线系统中的天线设计越来越趋向于平面化、集成化、小型化。因此,平面化的功能集成型天线对于无线设备的整体性能提升起着决定性的作用。在天线设计中,不同类型的天线能够满足不同应用场景的需求,如广角覆盖场景下,往往采用全向天线,而定向天线一般被应用于远距离传输场景。漏波天线作为一种能量以行波方式沿着导波结构传播并不断地向外泄漏能量,进而形成有效辐射的天线类型，因其具有易集成、平面化、低成本、高辐射效率、高增益等优点，近年来也备受人们关注，成为学术界研究的热点课题。

在此背景下，人工表面等离激元传输线作为一种新型的工作于微波和毫米波频段的高效平面传输线，具有损耗低、束缚性强、物理特性易于参数控制、易集成等优点，为实现小型化、高增益、低成本、多功能的新型天线提供了新的研究方向。

表面等离激元（Surface Plasmon Polariton，SPP）最初描述为在金属与介质的交界面处，电磁波与金属表面自由电子之间相互耦合产生的一种集体共振现象[1-2]。根据光学与电磁波的相关理论，金属在远红外以上、金属等离子体频率以下的频率范围内表现为电等离子体，即负介电常数，因此电磁波在其中无法传播，仅以倏逝波的形式存在，表现为表面等离激元在垂直于金属与介质交界面的方向上呈指数衰减，这种特性使得电磁波能量被束缚在很小的亚波长范围内。而这种传播行为仅发生在分界面处，这使得在微纳尺度上对光子进行操控成为可能，因此在突破衍射极限、器件小型化等方面有着重要意义。这种表面等离激元的特性被广泛应用于传感器[3]、高精度成像[4-5]、生物探测[6-7]与生物医疗[8]、光子电路[9]等领域。然而，相对较大的传输损耗、辐射损耗和弯折损耗阻碍了表面等离激元在光波段中的发展和应用，但其优异的特性在微波、毫米波等领域有巨大的发展潜力和应用前景。2004 年，英国帝国理工大学的 J. B. Pendry 教授提出了一种在金属表面周期性打孔的结构[10]，首次构建出工作于微波波段的表面等离激元。其色散特性与光波段的表面等离激元极为相似，因此又被称为人工表面等离激元（Spoof SPP）。随后，其他各种形式的支持人工表面等离激元的结构层出不穷[11-13]，工作频段涵盖整个微波、毫米波以及太赫兹频段。然而，早期有关人工表面等离激元传输线的研究绝大多数基于三维（3D）结构，很难被用于平面电路的集成设计，也难以进行共形化的设计。2013 年，东南大学的崔铁军教授课题组首次将人工表面等离激元传输线设计在超薄的柔性介质板上[14]，并通过实验证明了该结构在弯曲、扭转、扭曲、共形时依然能够表现出良好的传输性质，首次实现了人工表面等离激元由三维结构向二维结构的转变，为基于人工表面等离激元的传输线及其衍生器件的设计铺平了道路。

与光学频段特性类似，由于结构本身的慢波特性，平面人工表面等离激元传输线的波导波长远小于电磁波空间波长，这为设计小型化器件提供了可能。平面化的设计与现有成熟的电路加工技术方案完全兼容。而电磁波远离传输线结构时所表现出来的指数衰减特性，使得电磁波被紧紧地束缚在传输线表面，这种强束缚能力为实现器件的共形化设计、降低信号的邻间串扰以及提高信号完整性提供了理论基础。同时，电磁波能量集中于金属结构表面，这大大降低了由电磁介质引起的损耗。由于这些显著的优势，自被提出以来，基于人工表面等离激元传输线的各类微波无源器件、有源器件以及天线和吸波器等得到了人们的广泛研究。而由于人工表面等离激元传输线在电磁波灵活调控方面的优异特性，近年来基于人工表面等离激元的天线设计已成为研究的热点课题。

基于人工表面等离激元设计的天线形式多种多样，而其中漏波天线形式居多，其结构参数能够被灵活地调节，从而可以直接优化天线整体的辐射性能。将人工表面等离激元的概念引入天线的设计中，能够提高天线的性能，如实现更大角度的扫描、特殊角度的扫描（如前向和后向辐射），在更窄的频带内实现宽波束扫描以提升频谱利用效率，实现更高的增益及更灵活的调控等。人工表面等离激元传输线的出现，为科学研究与工业应用提出了很多全新概念和思路，为实现高效的射频、微波器件，尤其是为新型天线设计提供了潜在的解决方案。而人工表面等离激元天线设计的根本，即是将具有强束缚特性的人工表面等离激元模式转换为辐射模式。

1.2 国内外研究现状

本书的主要内容是人工表面等离激元模式的转换及其在天线设计中的应用，但考虑到有关人工表面等离激元的早期研究大部分集中在微波器件的设计中，本节先介绍人工表面等离激元在微波器件设计中的应用，再介绍其在天线设计中的应用。

1.2.1 人工表面等离激元在微波器件设计中的应用

学术界对平面人工表面等离激元微波器件的研究屡见不鲜，其中包括滤波器、耦合器、环形器、圆极化器等微波无源器件，放大器、倍频器等有源器件，以及天线、超表面设计等。国内外相关领域的专家学者基于这种新型传输线的探索对本书中的相关工作起着重要的引导作用。

2004 年，J. B. Pendry 教授团队首次构建出能够在微波频段模拟表面等离激元特性的结构[10]，如图 1.1(a) 所示。这种周期性打孔结构的色散特性如图 1.1 (b) 所示。随后，利用 V 形凹槽[5]、金属光栅结构[11]、楔形结构[12]和矩形结构[15]等周期性结构实现人工表面等离激元模式的研究成果也层出不穷。

以上提及的实现 SSPP 模式的结构大多为图 1.2 中的三维立体结构。

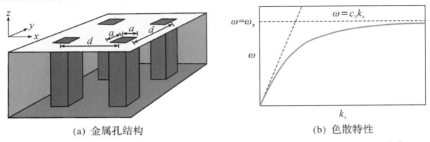

(a) 金属孔结构

(b) 色散特性

图 1.1   支持人工表面等离激元模式的三维金属孔结构及其色散特性[12]

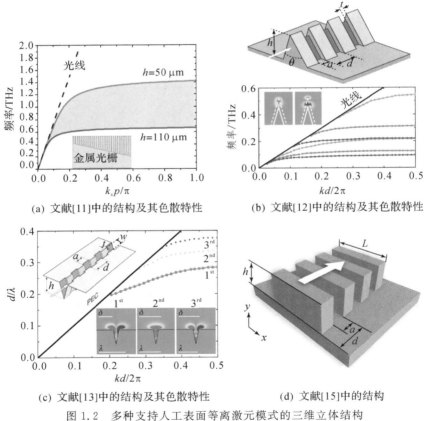

(a) 文献[11]中的结构及其色散特性

(b) 文献[12]中的结构及其色散特性

(c) 文献[13]中的结构及其色散特性

(d) 文献[15]中的结构

图 1.2   多种支持人工表面等离激元模式的三维立体结构

为了解决立体结构体积巨大、结构笨重、难以平面集成等缺点,2013 年,崔铁军教授团队设计了一种平面化的、超薄材料制备的,并且能够用于共形设计的 SSPP 传输线[14]。之后,采用印制电路板(Printed Circuit Board,PCB)技术加工的 SSPP 结构也不断涌现，如常见的双边金属条带结构（H 形）、单边金属条带结构（U 形）以及它们的各种变形和互补结构[14, 16-18]，如图 1.3 所示。

(a) 文献[14]中的结构

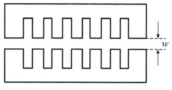

(b) 文献[16]中的结构

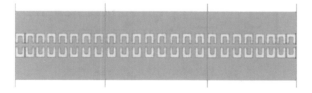

(c) 文献[17]中的结构

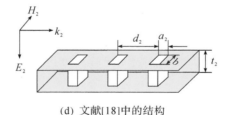

(d) 文献[18]中的结构

图 1.3　多种支持人工表面等离激元模式的二维平面结构

　　在明确了何种结构可以支持人工表面等离激元模式后，如何激励人工表面等离激元模式成为微波器件设计的最基础问题。在最早的立体结构中，对人工表面等离激元的激励通常采用空间波耦合或者单极子探针馈电等方式[19-21]。上述激励方式适用于直接将电磁波耦合在人工表面等离激元结构上，并没有涉及人工表面等离激元与其他传统传输线的相互转换。高喜等人提出从渐变槽线模式向互补形式的人工表面等离激元模式的转化结构[16]，如图 1.4（a）所示。李雨健等人提出从槽线模式向人工表面等离激元模式的转化结构[22]。东南大学的马慧峰教授团队提出了一种经典的从共面波导（Coplanar Waveguide，CPW）结构向人工表面等离激元结构的过渡形式[23]［如图 1.4(b)所示］，实现了对人工表面等离激元在宽带范围内的有效激励。随后，这种经典结构被广泛应用于对平面人工表面等离激元结构的激励与模式转换中。除此之外，东南大学的廖臻提出了一种从微带线到人工表面等离激元传输线的馈电结构的设计[24]，如图 1.4(c)所示。靠近端口渐变的部分能够实现微带模式到人工表面等离激元模式的转化。南京航空航天大学的刘亮亮也根据不同的人工表面等离激元结构设计出基于微带线的激励方式，进一步拓展了人工表面等离激元激励方面的研究[25]。

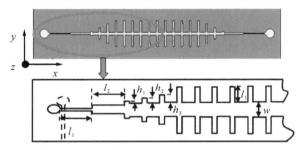

(a) 文献[16]中的槽线激励SSPP模式

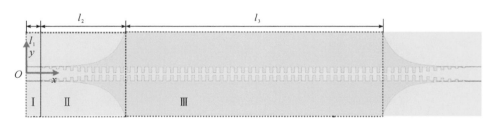

(b) 文献[23]中的CPW激励SSPP模式

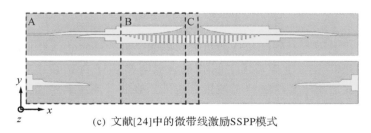

(c) 文献[24]中的微带线激励SSPP模式

图 1.4　多种平面传输线激励人工表面等离激元

人工表面等离激元模式的高效激励，进一步促进了研究者们对其传输特性的研究。人工表面等离激元的一项重要传输特性是其频率色散特性，即随着频率的变化其相速度的斜率不断变化。在达到一定频率后，人工表面等离激元存在显著的截止效应，即表现为带阻特性。截止频率与人工表面等离激元单元的物理参数有紧密联系。因此，设计带宽可灵活调控的人工表面等离激元传输线的研究如火如荼地进行。尹佳媛等人提出了利用并联耦合方式[26]和串联耦合方式[27]来传导人工表面等离激元模式的传输线，如图 1.5 所示。另外，文献[28]中的双层人工表面等离激元传输线结构如图 1.6(a)所示，展示了其具有更强的能量束缚性；文献[29]中的"子母形"人工表面等离激元传输线结构如图 1.6(b)所示，其能够实现小型化的设计；文献[30]中的可重构人工表面等离激元传输开关结构如图 1.6(c)所示，其充分发挥了液态金属灌注技术，实现了传输线传导性能优异的可重构调控；文献[31]中的多层 SSPP 传输线结构如图 1.6(d)所示，其具有开放的可装载空间，用于大型和复杂的控制网络。利用与弯折形互补结构的人工表面等离激元传输线同样被深入研究并且能够实现人工表面等离激元高次模的激励[32]。总之，基于人工表面等离激元传输线的研究集中于小型化、多层传输、多通道传输等方面[33-34]。

(a) 文献[26]中的并联耦合结构

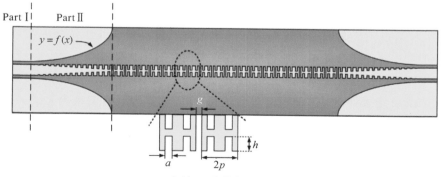

(b) 文献[27]中的串联耦合结构

图 1.5　不同耦合模式传导人工表面等离激元

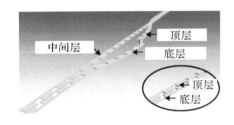

(a) 文献[28]中的双层SSPP传输线

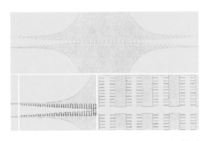

(b) 文献[29]中的"子母形"SSPP传输线

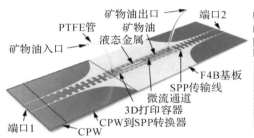

(c) 文献[30]中的可重构SSPP传输开关

(d) 文献[31]中的多层SSPP传输线

图 1.6 多种结构和功能的 SSPP 传输线

新加坡国立大学的陈志宁教授团队对人工表面等离激元传输线的电路参数进行了理论分析[35-36]，构建出人工表面等离激元单元的等效集总电路模型，这为之后的人工表面等离激元常用单元的研究提供了必要的理论基础。文献[37]探索了人工表面等离激元高次模的表达式。文献[38]将人工表面等离激元的高次模应用于太赫兹传感领域。文献[39]和[40]对人工表面等离激元高次模也进行了更加深入的研究与应用。除利用人工表面等离激元的截止频率设计器件外，也可以利用人工表面等离激元的移相特性设计形成圆极化辐射的馈线。由于人工表面等离激元单元比传统传输线单元具有更大的相位常数，在相同的物理长度下，人工表面等离激元馈电线与平行双线传输线存在一定的相位差，经过多个单元累计后，这种相位差会达到 90°，这就为设计圆极化天线提供了技术支撑。如图 1.7(a)展示的结构，利用人工表面等离激元馈线，有利于实现更简便的圆极化设计[41-42]。在各种传输线的研究基础上，对于各种微波器件的研究也应运而生，如各种滤波器[43-45][图 1.7(b)、(c)]、圆极化器[46][图 1.7(d)]、功分器[47][图 1.7(e)]等的设计。将人工表面等离激元的特性用于涡旋波激励器的设计研究也发展迅速[48-49]。

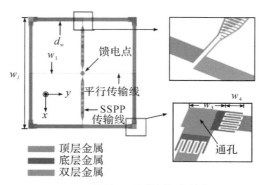

(a) 文献[41]中的圆极化馈线

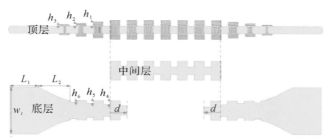

(b) 文献[43]中的滤波器

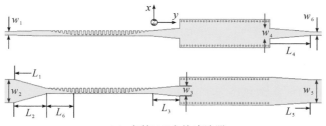

(c) 文献[45]中的滤波器

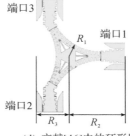

(d) 文献[46]中的环形器

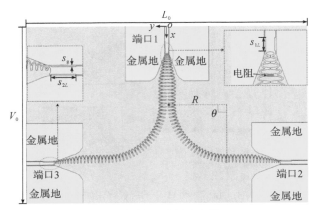

(e) 文献[47]中的功分器

(f) 文献[48]中的涡旋波辐射器

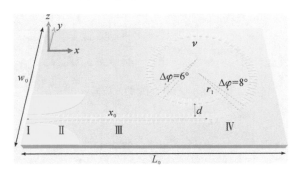

(g) 文献[49]中的高次模涡旋波发生器

图 1.7　丰富多样的人工表面等离激元微波功能器件

1.2.2　人工表面等离激元在天线设计中的应用

　　国内外专家学者针对人工表面等离激元传输线及其在天线领域的应用已

进行了一系列的前期研究工作,目前基于人工表面等离激元的微波无源器件、有源器件以及天线和吸波器等已具有一定的前期工作基础。下面对人工表面等离激元在天线设计上的应用进行简单的梳理。

目前,实现人工表面等离激元模式与辐射模式之间转换的技术手段大致可以分为三类,即加载寄生结构、加载相位反转结构和阻抗调制。

通过加载寄生结构实现人工表面等离激元模式转换成辐射模式的方式,相当于将人工表面等离激元传输线看作馈线,将人工表面等离激元传输线上的能量耦合到寄生结构上,再由寄生结构实现能量的辐射。加载的寄生结构单元可以是方形[50]、圆形[51-52]、金属条带形[53]、椭圆形[54]等多种寄生贴片结构。加载寄生结构是一种典型的人工表面等离激元天线设计手段。根据阵列天线原理分析可知,利用这种技术手段设计的天线是一种频率扫描天线。基于这种方法,通过调节寄生贴片与人工表面等离激元传输线间的距离,即可实现天线低副瓣的优异性能[55]。此外,若对加载的寄生贴片进行交叉开槽设计,还可实现天线圆极化辐射[56]。在这类天线下方加载金属地板或者人工磁导体(Artificial Magnetic Conductor,AMC)结构可实现仅上半空间区域的辐射[57]。同时,将人工表面等离激元传输线作为馈电结构[58],采用电磁超表面解耦的方式也获得了深入的研究。在人工表面等离激元传输线周围加载梯度相位超表面也可使人工表面等离激元模式转换成辐射模式,实现频率扫描天线。相应的几种天线结构如图 1.8 所示。

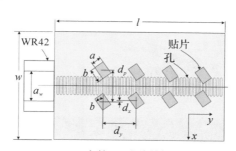

(a) 文献[50]中的结构

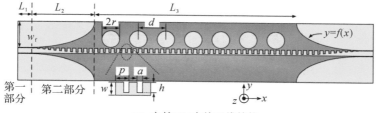

(b) 文献[51]中的天线结构

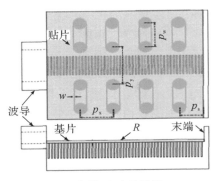

(c) 文献[52]中的结构

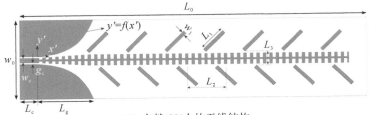

(d) 文献[53]中的天线结构

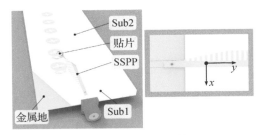

(e) 文献[55]中的天线结构

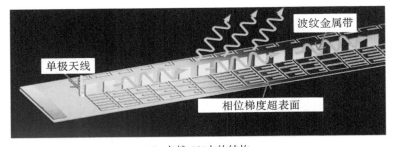

(f) 文献[58]中的结构

图 1.8　加载不同寄生结构的人工表面等离激元漏波天线结构

此外，寄生结构也可加载在人工表面等离激元传输线的末端，如加载Vivaldi天线[59]、振子天线[60]、椭圆贴片[61]等寄生结构，可实现端射方向的辐射，如图 1.9 所示。这种辐射的原理类似于将传输线逐渐张开以实现人工表面等离激元模式与辐射模式之间的转换。另一种则是将人工表面等离激元结构设计为馈线，主要是将寄生结构作为天线进行辐射，这种类型的天线通常表现为端射方向的辐射。

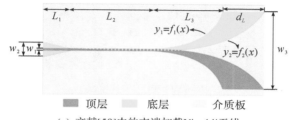

(a) 文献[59]中的末端加载Vivaldi天线

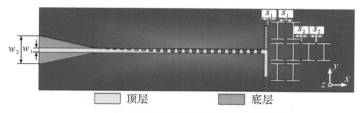

(b) 文献[60]中的末端加载对称振子

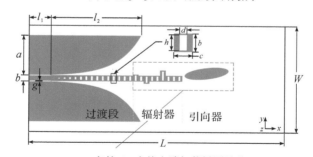

(c) 文献[61]中的末端加载椭圆贴片

图 1.9　末端加载的端射人工表面等离激元天线

通过加载相位反转结构将人工表面等离激元模式转换为辐射模式的方法也已被应用于天线的设计中。D. J. Wei 等人通过加载短路金属柱[62]实现了相距边射频率下半个波导波长的人工表面等离激元结构的相位一致性分布，如图 1.10(a)所示。J. J. Xu 等人通过人工表面等离激元自身结构的交错设计实现了相位反转[63]，如图 1.10(b)所示。经过相位反转后，可实现人工表面等离激元半个波导波长同相位叠加，从而实现有效辐射。利用这种加载方式设计的漏波天线具有良好的波束连续扫描能力，其主波束在边射方向时辐射性能没有明显下降。

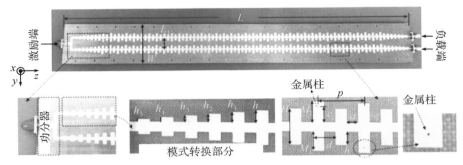

(a) 文献[62]中的天线结构

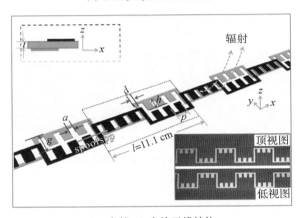

(b) 文献[63]中的天线结构

图 1.10　加载相位反转结构的天线设计

　　第三种将人工表面等离激元模式转换为辐射模式的技术手段是对人工表面等离激元传输线本身进行调制，进而实现辐射。例如，将人工表面等离激元的凹槽进行周期性深度或宽度调制。利用这种技术手段设计的天线称为调制型天线。对自身结构的调制可分为两种形式。一种是将人工表面等离激元传输线的末端凹槽深度做渐变处理，实现端射方向的辐射[64-66]，如图 1.11 所示。这种端射辐射不同于前述的在人工表面等离激元传输线末端加载寄生单元实现的端射辐射，此方法通过自身结构的调节将束缚在人工表面等离激元传输线的能量调制到自由空间中，与人工表面等离激元模式息息相关。人工表面等离激元传输线上的电流分布特性决定了方向图能否在端射辐射。这类天线的端射工作频带可以是较窄的也可以是较宽的。宽频带的人工表面等离激元端射天线还可应用于毫米波天线设计[66]，此天线能够在 28～31 GHz 实现端射辐射，增益可达 15 dBi 以上。对端射天线进行环绕排布，即可实现水平方向全向辐射的天线[64]。

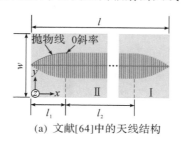

(a) 文献[64]中的天线结构

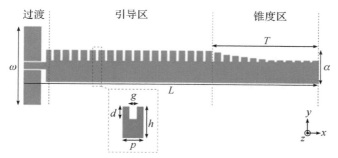

(b) 文献[65]中的天线结构

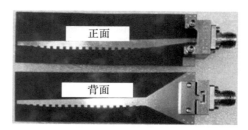

(c) 文献[66]中的天线结构

图 1.11　末端渐变实现端射辐射的人工表面等离激元天线

　　除在末端对人工表面等离激元传输线结构进行渐变处理外，另一种实现人工表面等离激元模式转换的方式称为周期调制法，这种方法多用于设计漏波天线。其中，对人工表面等离激元进行周期性凹槽深度的调制研究更为普遍，因为相比于凹槽宽度的调制，深度的可调范围更大，天线的辐射效率更高。图 1.12 给出了几款基于表面阻抗调制的漏波天线设计，其凹槽深度的变化引起了表面阻抗的改变，人工表面等离激元传输线上的慢波被调制成了快波[67]。当人工表面等离激元的凹槽设计为具有一定倾角时，能够实现线极化、圆极化等不同极化的波束辐射[68-69]。同时，通过不同的正弦调制周期的设定，还可实现多波束漏波天线设计[70]。利用变容二极管控制人工表面等离激元传输线的凹槽深度，可在固定频率下实现可重构漏波天线[71-72]。这种周期性调制的方法不仅适用于二维平面人工表面等离激元模式的转换，同样能够应用于三维人工表面等离激元模式的转换[73]。

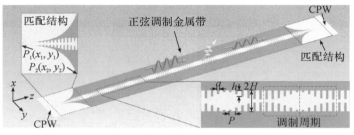

(a) 文献[67]中的天线结构

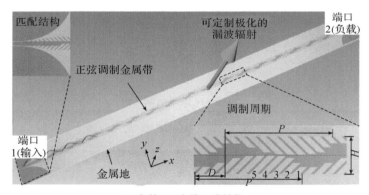

(b) 文献[68]中的天线结构

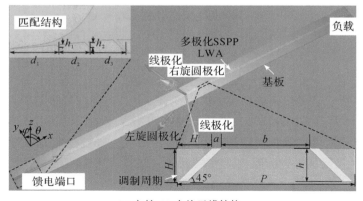

(c) 文献[69]中的天线结构

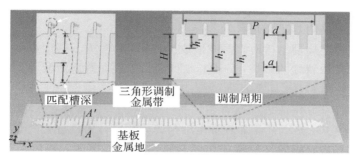

(d) 文献[71]中的天线结构

图 1.12　周期性调制实现辐射的人工表面等离激元漏波天线

　　以上三种实现人工表面等离激元模式向辐射模式转换的方法，从根本上看都是对人工表面等离激元传输线相位的改变，对束缚在人工表面等离激元上的能量进行调制，进而调控人工表面等离激元模式。将束缚在人工表面等离激元周围的电磁波模式调制成能够向自由空间辐射的模式，为天线设计提供了可能。

　　除了采用人工表面等离激元传输线直接进行天线设计，还有很多研究工作是将人工表面等离激元传输线与其他类型的传输线相结合，实现了新型的混合波导模式，并探索了许多高性能的天线设计方法。比如，将人工表面等离激元与基片集成波导（Substrate Integrated Waveguide，SIW）集成设计的混合波导形式[74]，或与半模基片集成波导（Half-Mode Substrate Integrated Waveguide，HMSIW）集成设计的混合波导形式[75]，均可成功激励起人工表面等离激元模式。这种混合波导兼顾了人工表面等离激元的低通特性与基片集成波导的高通特性，混合波导的高、低频通带范围由人工表面等离激元的物理参数和基片集成波导的物理参数分别控制，灵活且独立。通过对这类混合波导采用上述三种方法也可成功将人工表面等离激元模式转换为辐射模式，相应的天线设计也应运而生[76-78]。

1.3　本书内容安排

　　本书围绕人工表面等离激元模式与自由空间波模式间的模式转换进行介绍，从人工表面等离激元的基本概念及理论出发，详细阐述人工表面等离激元模式转换为辐射模式的不同方法，以及人工表面等离激元在天线设计方面的应用。本书分为 5 章，主要内容如下：

第1章为绪论，主要介绍人工表面等离激元的研究背景及应用于微波器件和天线设计的国内外研究现状。

第2章简述周期结构对表面波形成的作用，针对人工表面等离激元单元结构参数对其色散特性的影响，分别介绍偶模人工表面等离激元和奇模人工表面等离激元的色散特性，可为后面的模式转换及应用提供理论支撑。

第3章详细介绍通过加载寄生结构实现人工表面等离激元模式与辐射模式间转换的方式，并以几款加载寄生结构的天线设计为例进行简单验证。

第4章详细介绍通过加载相位反转结构将人工表面等离激元模式转换为辐射模式的原理及相关天线的设计。

第5章详细介绍通过阻抗调制将人工表面等离激元模式转换成辐射模式的原理，并以几款阻抗调制天线设计为例进行简单验证。

本章参考文献

[1]　RAETHER H. Surface plasmons on smooth surfaces. [M]//RAETHER H. Surface Plasmons on Smooth and Rough Surfaces and on Grating. Berlin, Heidelberg: Springer Berlin Heidelberg. 1988: 4-39.

[2]　BANES W L, DEREUX A, EBBESEN T W. Surface plasmon subwavelength optics. Nature, 2003, 424(6950): 824-830.

[3]　SALIHOGLU O, BALCI S, KOCABAS C. Plasmon-polaritons on graphene-metal surface and their use in biosensors. Applied Physics Letters, 2012, 100(21): 213110.

[4]　PENDRY J B. Negative refractive makes a perfect lens. Physical Review Letters, 2000, 85(18): 3966-3969.

[5]　FANG N, LEE H, CHENG S, et al. Sub-diffraction-limited optical imaging with a silver superlens. Science, 2005, 308(5721): 534-537.

[6]　ANKER J N, HALL W P, LYANDRES O, et al. Biosensing with plasmonic nanosensors. Nature Materials, 2008, 7(6): 442-453.

[7]　KABASHIN A V, EVANS P, PASTKOVSKY S, et al. Plasmonic nanorod metamaterials for biosensing. Nature Materials, 2009, 8(11): 867-871.

[8]　MACDONALD K F, SAMSON Z L, STOCKMAN M I, et al. Ultrafast active plasmonics. Nature Photonics, 2008, 3(1): 55-58.

[9]　POLMAN A, ATWATER H A. Photonic design principles for ultrahigh-efficiency photovoltaics. Nature Materials, 2012, 11(3): 174-177.

[10] PENDRY J B, MARTIN-MORENO L, GARCIA-VIDAL F J. Mimicking surface plasmons with structured surfaces. Science, 2004, 305 (5685): 847 -848.

[11] GAN Q, FU Z, DING Y J, et al. Ultrawide-bandwidth slow-light system based on THz plasmonic graded metallic grating structures. Physical Review Letters, 2008, 100 (25): 256803.

[12] FERNANDEZ-DOMINGUEZ A I, MORENO E, MARTIN-MORENO L, et al. Terahertz wedge plasmon polaritons. Optics Letters, 2009, 34 (13): 2063 - 2065.

[13] FERNANDEZ-DOMINGUEZ A I, MORENO E, MARTIN-MORENO L, et al. Guiding terahertz waves along subwavelength channels. Physical Review B, 2009, 79 (23): 233104.

[14] SHEN X, CUI T J, MARTIN-CANO D, et al. Conformal surface plasmons propagating on ultrathin and flexible films. Proceedings of the National Academy of Sciences of the United States of America, 2013, 110 (1): 40 - 45.

[15] MARTIN-CANO D, NESTEROV M L, FERNANDEZ-DOMINGUEZ A I, et al. Domino plasmons for subwavelength terahertz circuitry. Optics Express, 2010, 18 (2): 754 - 764.

[16] GAO X, ZHOU L, LIAO Z, et al. An ultra-wideband surface plasmonic filter in microwave frequency. Applied Physics Letters, 2014, 104 (19): 191603.

[17] REN B, LI W W, QIN Z Z, et al. Leaky wave antenna based on periodically truncated SSPP waveguide. Plasmonics, 2020, 15 (2): 551 - 558.

[18] LIU L L, LI Z, GU C Q, et al. Multi-channel composite spoof surface plasmon polaritons propagating along periodically corrugated metallic thin films. Journal of Applied Physics, 2014, 116 (1): 013501.

[19] HAN Y, GONG S, WANG J, et al. Shared-aperture antennas based on even-and odd-mode spoof surface plasmon polaritons. IEEE Transactions on Antennas and Propagation, 2020, 68 (4): 3254 - 3258.

[20] KATS M A, WOOLF D, BLANCHARD R, et al. Spoof plasmon analogue of metal-insulator-metal waveguides. Optics Express, 2011, 19 (16): 14860 - 14870.

[21] SHEN X, CUI T J. Planar plasmonic metamaterial on a thin film with nearly zero thickness. Applied Physics Letters, 2013, 102 (21): 211909.

[22] CAO D, LI Y J, WANG J. Wideband compact slotline-to-spoof-surface plasmon-polaritons transition for millimeter waves. IEEE Antennas and Wireless Propagation Letters, 2017, 16: 3143 − 3146.

[23] MA H F, SHEN X, CHENG Q, et al. Broadband and high-efficiency conversion from guided waves to spoof surface plasmon polaritons. Laser and Photonics Reviews, 2014, 8 (1): 146 − 151.

[24] LIAO Z, ZHAO J, PAN B C, et al. Broadband transition between microstrip line and conformal surface plasmon waveguide. Journal of Physics D-Applied Physics, 2014, 47 (31): 315103.

[25] LIU L L, LI Z, XU B, et al. Dual-band trapping of spoof surface plasmon polaritons and negative group velocity realization through microstrip line with gradient holes. Applied Physics Letters, 2015, 107 (20): 201602.

[26] YIN J Y, REN J, ZHANG H C, et al. Broadband frequency-selective spoof surface plasmon polaritons on ultrathin metallic structure. Scientific Reports, 2015, 5.

[27] YIN J Y, REN J, ZHANG H C, et al. Capacitive-coupled series spoof surface plasmon polaritons. Scientific Reports, 2016, 6.

[28] PAN B C, ZHAO J, LIAO Z, et al. Multi-layer topological transmissions of spoof surface plasmon polaritons. Scientific Reports, 2016, 6.

[29] HU M Z, ZHANG H C, YIN J Y, et al, CUI T J. Ultra-wideband filtering of spoof surface plasmon polaritons using deep subwavelength planar structures. Scientific Reports, 2016, 6.

[30] REN J, DU X Y, LI H D, et al. Spoof surface plasmon polariton-based switch using liquid metal. International Journal of Rf and Microwave Computer-Aided Engineering, 2021, 31 (7): 22694.

[31] HE P H, ZHANG H C, TANG W X, et al. A multi-layer spoof surface plasmon polariton waveguide with corrugated ground. IEEE Access, 2017, 5: 25306 − 25311.

[32] ZHONG T, ZHANG H. Continuous scanning leaky-wave antenna utilizing second-mode spoof surface plasmon polaritons excitation. International Journal of Rf and Microwave Computer-Aided Engineering, 2020, 30 (11): 22418.

[33] PAN B C, LUO G Q, LIAO Z, et al. Wideband miniaturized design of

complementary spoof surface plasmon polaritons waveguide based on interdigital structures. Scientific Reports, 2020, 10 (1): 3258.

[34] PING R, MA H, CAI Y. Compact and highly-confined spoof surface plasmon polaritons with fence-shaped grooves. Scientific Reports, 2019, 9.

[35] KIANINEJAD A, CHEN Z N, QIU C W. Design and modeling of spoof surface plasmon modes-based microwave slow-wave transmission line. IEEE Transactions on Microwave Theory and Techniques, 2015, 63 (6): 1817 - 1825.

[36] KIANINEJAD A, CHEN Z N, QIU C W. Full modeling, loss reduction, and mutual coupling control of spoof surface plasmon-based meander slow wave transmission lines. IEEE Transactions on Microwave Theory and Techniques, 2018, 66 (8): 3764 - 3772.

[37] JIANG T, SHEN L, ZHANG X, et al. High-order modes of spoof surface plasmon polaritons on periodically corrugated metal surfaces. Progress In Electromagnetics Research M, 2009, 8: 91 - 102.

[38] YAO H, ZHONG S, TU W. Performance analysis of higher mode spoof surface plasmon polariton for terahertz sensing. Journal of Applied Physics, 2015, 117 (13): 133104.

[39] ZHANG D, ZHANG K, WU Q, et al. High-efficiency surface plasmonic polariton waveguides with enhanced low-frequency performance in microwave frequencies. Optics Express, 2017, 25 (3): 2121 - 2129.

[40] XU K D, LU S, GUO Y J, et al. High-order mode of spoof surface plasmon polaritons and its application in bandpass filters. IEEE Transactions on Plasma Science, 2021, 49 (1): 269 - 275.

[41] LI H, DU X, FENG T, et al. Circularly polarized antenna with spoof surface plasmon polaritons transmission lines. IEEE Antennas and Wireless Propagation Letters, 2019, 18. (4): 737 - 741.

[42] LI H D, DU X Y, YIN J Y, et al. Differentially fed dual-circularly polarized antenna with slow wave delay lines. IEEE Transactions on Antennas and Propagation, 2020, 68 (5): 4066 - 4071.

[43] WANG M, SUN S, MA H F, et al. Super-compact and ultra-wideband surface plasmonic bandpass filter. IEEE Transactions on Microwave Theory and Techniques, 2019, 99.

[44]   LIU Y, XU K D, GUO Y J, et al. High-order mode application of spoof surface plasmon polaritons in bandpass filter design. IEEE Photonics Technology Letters, 2021, 33 (7): 362 – 365.

[45]   ZHANG Q, ZHANG H C, WU H, et al. A hybrid circuit for spoof surface plasmons and spatial waveguide modes to reach controllable band-pass filters. Scientific Reports, 2015, 5.

[46]   QIU T, WANG J, LI Y, et al. Broadband circulator based on spoof surface plasmon polaritons. Journal of Physics D-Applied Physics, 2016, 49 (35): 355002.

[47]   ZHOU S, LIN J Y, WONG S W, et al. Spoof surface plasmon polaritons power divider with large isolation. Scientific Reports, 2018, 8.

[48]   ZHANG L, DENG M, LI W, et al. Wideband and high-order microwave vortex-beam launcher based on spoof surface plasmon polaritons. Scientific Reports, 2021, 11 (1): 23272.

[49]   YIN J Y, REN J, ZHANG L, et al. Microwave vortex-beam emitter based on spoof surface plasmon polaritons. Laser and Photonics Reviews, 2018, 12 (3): 1600316.

[50]   BAI X, QU S W, YI H. Applications of spoof planar plasmonic waveguide to frequency-scanning circularly polarized patch array. Journal of Physics D-Applied Physics, 2014, 47 (32): 325101.

[51]   YIN J Y, REN J, ZHANG Q, et al. Frequency-controlled broad-angle beam scanning of patch array fed by spoof surface plasmon polaritons. IEEE Transactions on Antennas and Propagation, 2016, 64 (12): 5181-5189.

[52]   YI H, ZHENG C, QU S W. Spoof plasmonic waveguide fed 2D antenna array with improved efficiency. IEEE Antennas and Wireless Propagation Letters, 2017, 16: 377-380.

[53]   ZHANG Q, ZHANG Q, CHEN Y. High-efficiency circularly polarised leaky-wave antenna fed by spoof surface plasmon polaritons. Iet Microwaves Antennas and Propagation, 2018, 12 (10) 1639 – 1644.

[54]   JIDI L, CAO X, GAO J, et al. Ultrawide-angle and high-scanning-rate leaky wave antenna based on spoof surface plasmon polaritons. IEEE Transactions on Antennas and Propagation, 2022, 70 (3): 2312 – 2317.

[55]   YU H W, JIAO Y C, WENG Z. Spoof surface plasmon polariton-fed

circularly polarized leaky-wave antenna with suppressed side-lobe levels. International Journal of Rf and Microwave Computer-Aided Engineering, 2020, 30. (3): 22080.

[56] GUAN D F, YOU P, ZHANG Q, et al. A wide-angle and circularly polarized beam-scanning antenna based on microstrip spoof surface plasmon polariton transmission line. IEEE Antennas and Wireless Propagation Letters, 2017, 16: 2538 - 2541.

[57] ZHANG Q, ZHANG Q, CHEN Y. Spoof surface plasmon polariton leaky-wave antennas using periodically loaded patches above PEC and AMC ground planes. IEEE Antennas and Wireless Propagation Letters, 2017, 16: 3014 - 3017.

[58] FAN Y, WANG J, LI Y, et al. Frequency scanning radiation by decoupling spoof surface plasmon polaritons via phase gradient metasurface. IEEE Transactions on Antennas and Propagation, 2018, 66 (1): 203 - 208.

[59] YIN J Y, ZHANG H C, FAN Y, et al. Direct Radiations of surface plasmon polariton waves by gradient groove depth and flaring metal structure. IEEE Antennas and Wireless Propagation Letters, 2016, 15: 865 - 868.

[60] YIN J Y, BAO D, REN J, et al. Endfire radiations of spoof surface plasmon polaritons. IEEE Antennas and Wireless Propagation Letters, 2017, 16: 597 - 600.

[61] LIU L, CHEN M, YIN X. Single-layer high gain endfire antenna based on spoof surface plasmon polaritons. IEEE Access, 2020, 8: 64139 - 64144.

[62] WEI D J, LI J, YANG J, et al. Wide-scanning-angle leaky-wave array antenna based on microstrip SSPPs-TL. IEEE Antennas and Wireless Propagation Letters, 2018, 17 (8): 1566 - 1570.

[63] XU J J, JIANG X, ZHANG H C, et al. Diffraction radiation based on an anti-symmetry structure of spoof surface-plasmon waveguide. Applied Physics Letters, 2017, 110 (2): 021118.

[64] HAN Y, LI Y, MA H, et al. Multibeam antennas based on spoof surface plasmon polaritons mode coupling. IEEE Transactions on Antennas and Propagation, 2017, 65 (3): 1187 - 1192.

[65] KANDWAL A, ZHANG Q, TANG X L, et al. Low-profile spoof surface plasmon polaritons traveling-wave antenna for near-endfire radiation. IEEE Antennas and Wireless Propagation Letters, 2018, 17 (2): 184 - 187.

[66] ZHANG X F, FAN J, CHEN J X. High gain and high-efficiency millimeter-wave antenna based on spoof surface plasmon polaritons. IEEE Transactions on Antennas and Propagation, 2019, 67 (1): 687 - 691.

[67] KONG G S, MA H F, CAI B G, et al. Continuous leaky-wave scanning using periodically modulated spoof plasmonic waveguide. Scientific Reports, 2016, 6.

[68] WANG M, MA H F, TANG W X, et al. Leaky-wave radiations with arbitrarily customizable polarizations based on spoof surface plasmon polaritons. Physical Review Applied, 2019, 12 (1)P: 014036.

[69] WANG M, WANG H C, TIAN S C, et al. Spatial multi-polarized leaky-wave antenna based on spoof surface plasmon polaritons. IEEE Transactions on Antennas and Propagation, 2020, 68 (12): 8168 - 8173.

[70] ZHANG C, REN J, DU X, et al. Dual-beam leaky-wave antenna based on dual-mode spoof surface plasmon polaritons. IEEE Antennas and Wireless Propagation Letters, 2021, 20 (10): 2008 - 2012.

[71] WANG M, MA H F, ZHANG H C, et al. Frequency-fixed beam-scanning leaky-wave antenna using electronically controllable corrugated microstrip line. IEEE Transactions on Antennas and Propagation, 2018, 66 (9): 4449 - 4457.

[72] WANG M, MA H F, TANG W X, et al. A dual-band electronic-scanning leaky-wave antenna based on a corrugated microstrip line. IEEE Transactions on Antennas and Propagation, 2019, 67 (5): 3433 - 3438.

[73] PANARETOS A H, WERNER D H. Spoof plasmon radiation using sinusoidally modulated corrugated reactance surfaces. Optics Express, 2016, 24 (3): 2443 - 2456.

[74] GUAN D F, YOU P, ZHANG Q, et al. Hybrid spoof surface plasmon polariton and substrate integrated waveguide transmission line and its application in filter. IEEE Transactions on Microwave Theory and Techniques, 2017, 65 (12): 4925 - 4932.

[75] GUAN D F, YOU P, ZHANG Q, et al. Slow-wave half-mode

substrate integrated waveguide using spoof surface plasmon polariton structure. IEEE Transactions on Microwave Theory and Techniques, 2018, 66 (6): 2946 - 2952.

[76] XU S D, GUAN D F, ZHANG Q, et al. A wide-angle narrowband leaky-wave antenna based on substrate integrated waveguide-spoof surface plasmon polariton structure. IEEE Antennas and Wireless Propagation Letters, 2019, 18 (7)P 1386 - 1389.

[77] GUAN D F, ZHANG Q, YOU P, et al. Scanning rate enhancement of leaky-wave antennas using slow-wave substrate integrated waveguide structure. IEEE Transactions on Antennas and Propagation, 2018, 66 (7): 3747 - 3751.

[78] YIN J Y, DU X Y, NING Y, et al. Frequency controlled beam scanning characteristic realized using a compact slow wave transmission line. Applied Optics, 2021, 60 (27): 8466 - 8471.

第 2 章　人工表面等离激元理论基础

2.1　引　　言

　　如前所述，表面等离激元是指在金属与介质的交界面处，电磁波与金属表面的自由电子之间相互耦合产生的一种集体共振效应。其表现为沿着金属与介质交界面传播且在垂直于金属与介质交界面方向上指数衰减的表面波。有关表面等离激元的研究，可以追溯到 20 世纪 50 年代，Ritchie 预言了高速运动的带电粒子会激励金属表面波以及体相等离子振动[1-4]。这个预言很快就得到了实验证实[5]。后来，在光学领域，人们发现表面等离激元具有将场束缚在亚波长结构中的特性[6]，从而可以在亚波长结构中突破衍射极限，实现器件小型化。表面等离激元也因此吸引了越来越多的注意。

　　然而，当频率降至微波等频段时，金属几乎表现为理想导体，表面等离激元模式就不复存在了，因此在自然界中，微波频段不存在真正的表面等离激元现象。直到 2004 年，J. B. Pendry 教授在文章中首次提出了一种二维孔阵列[7-8]，通过理论分析，证明了该结构所激励的模式与光学表面等离激元模式有相似的色散特性。这一结论表明，在微波频段虽然不存在真正的表面等离激元模式，但是可以通过周期结构的设计将电磁波束缚在结构表面，进而模拟表面等离激元的状态。这种模式也被称为人工表面等离激元模式（Spoof Surface Plasmon Polariton，SSPP）。随着人工表面等离激元模式的发现，各种各样有关人工表面等离激元的研究层出不穷，人们发现了一系列可以支持人工表面等离激元模式的结构[9-14]，包括一维槽阵列、二维突起阵列等。但是，这些结构具有三维尺寸，对器件的集成化设计以及一些特殊场景的应用（如共形）提出了挑战。为解决这一问题，东南大学的崔铁军教授课题组在 2013 年提出了一种平面人工表面等离激元结构[15]，为人工表面等离激元的研究提供了极大的便利。从此，人工表面等离激元的研究进入了新时代。

　　然而，不同于三维立体结构，平面人工表面等离激元传输线的场分布无法通过解析方法获得。但作为研究开端，精确判断一种模式是不是人工表面等离激元模式是十分必要的。因此，本章首先总结前人提出的人工表面等离激元传输线的本质属性，然后详细介绍人工表面等离激元模式的色散特性，并建立单元结构与其色散特性间的映射关系。

2.2　人工表面等离激元的基本概念及理论基础

2.2.1　周期结构与人工表面等离激元

　　周期结构对电磁波具有独特的响应，在周期结构上传播的电磁波均应满足弗洛奎定理（Floquet Theorem），即对于一个给定的传输模式，在给定的稳态频率下，任意截面内的场与相距一定空间周期的另一截面内的场只相差一个复常数[16]，用公式表达如下：

$$E(x, y, z, t) = E_{0t}(x, y)e^{j\omega t - \gamma_0 z} \tag{2.1}$$

$$E_0(x, y, z) = E_0(x, y, z + mp) \tag{2.2}$$

其中，p 为单元结构的周期长度。根据上述公式，单元结构周围的场可用 Floquet 模式叠加的形式表示：

$$E = E_0 \sum_{n=-\infty}^{+\infty} R_n e^{j\left(k_x + \frac{2n\pi}{p}\right)x + jk_{yn}y + jk_{zn}z} \tag{2.3}$$

这里，假设 x 方向为电磁波的传播方向，以保证和后面的结构模型保持一致。根据传播常数的分解公式，有

$$\left(k_x + \frac{2n\pi}{p}\right)^2 + k_{yn}^2 + k_{zn}^2 = k_0^2 = \omega^2 \mu\varepsilon \tag{2.4}$$

其中，k_0 是自由空间的传播常数。由于亚波长结构本身的性质，要求其周期结构的长度远小于自由空间中的波长，因此可以得到：

$$k_x + \frac{2n\pi}{p} > k_0 = \frac{2\pi}{\lambda_0} \tag{2.5}$$

　　结合式（2.4）和式（2.5），可得到如下关系：

$$k_{yn}^2 + k_{zn}^2 < 0 \qquad (2.6)$$

若要使上式成立，则左边的两项必然存在至少一项小于零，即电磁场在该方向上呈指数衰减分布，电磁波因此被束缚在周期性的单元结构周围，同时在传播方向上保持表面波传播。因此，周期结构可以支持表面波的传输。

表面等离激元也是一种表面波，其色散关系是后面的研究和应用的基础，因此首先应对表面等离激元的色散关系进行分析。最初的表面等离激元描述的是金属与介质分界面上的一种电子共振状态，如图 2.1 所示。

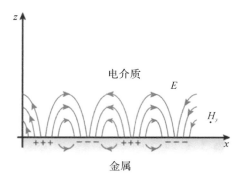

图 2.1　金属与介质分界面上的表面等离激元模式[6]

当横磁波（TM Mode）（通常是光波）从介质部分入射，经过分界面进入金属区域时，对于 $Z > 0$ 的区域，有

$$\begin{cases} E_x(z) = -jA_2 \dfrac{1}{\omega \varepsilon_0 \varepsilon_2} k_2 e^{-j\beta x} e^{-k_2 z} \\ E_z(z) = -A_1 \dfrac{\beta}{\omega \varepsilon_0 \varepsilon_2} e^{-j\beta x} e^{-k_2 z} \\ H_y(z) = A_2 e^{-j\beta x} e^{-k_2 z} \end{cases} \qquad (2.7)$$

对于 $Z < 0$ 的区域，有

$$\begin{cases} E_x(z) = jA_1 \dfrac{1}{\omega \varepsilon_0 \varepsilon_1} k_1 e^{-j\beta x} e^{-k_1 z} \\ E_z(z) = -A_1 \dfrac{\beta}{\omega \varepsilon_0 \varepsilon_1} e^{-j\beta x} e^{-k_1 z} \\ H_y(z) = A_1 e^{-j\beta x} e^{-k_1 z} \end{cases} \qquad (2.8)$$

其中：$k_1 = k_{z,1}$，表示金属中垂直于分界面的波矢，$k_2 = k_{z,2}$，表示介质中垂直于分界面的波矢。根据分界面处电磁场的连续条件，有

$$\begin{cases} A_1 = A_2 \\ \dfrac{k_2}{k_1} = -\dfrac{\varepsilon_2}{\varepsilon_1} \end{cases} \qquad (2.9)$$

再根据式(2.7)和式(2.8)中的 H_y 满足的波动方程:

$$\frac{\partial^2 H_y}{\partial z^2} + (k_0^2 \varepsilon - \beta^2) H_y = 0 \tag{2.10}$$

可以得到

$$\begin{cases} k_1^2 = \beta^2 - k_0^2 \varepsilon_1 \\ k_2^2 = \beta^2 - k_0^2 \varepsilon_2 \end{cases} \tag{2.11}$$

进一步地,可以得到在金属和介质分界面处的表面等离激元的色散关系:

$$k_{\mathrm{spp}} = k_0 \sqrt{\frac{\varepsilon_1 \varepsilon_2}{\varepsilon_1 + \varepsilon_2}} = \frac{\omega}{c} \sqrt{\frac{\varepsilon_1 \varepsilon_2}{\varepsilon_1 + \varepsilon_2}} \tag{2.12}$$

其中,k_{spp} 是表面等离激元的波矢。分析上式,可以发现表面等离激元的色散特性曲线存在两条渐近线。当 k_0 趋于零时,可以得到斜率为 c 的渐近线,这条线即为光线的色散曲线;而当 k_0 趋近于无穷时,ω 也将趋于一个特征频率,这个特征频率可以由 $\varepsilon_1 + \varepsilon_2 = 0$ 计算得到。对于金属来说,Drude 模型可以用来计算此特征频率为

$$\omega_{\mathrm{sp}} = \frac{\omega_{\mathrm{p}}}{\sqrt{1 + \varepsilon_2}} \tag{2.13}$$

该频率被定义为表面等离子体频率(Surface Plasmon Frequency)[17]。图 2.2 给出了表面等离激元的色散特性曲线示意图,其中实线即为表面等离激元的色散曲线。可以看到,在频率比较低的情况下,表面等离激元的传播常数非常接近于 k_0,此时,场的束缚能力非常弱,也就是人们所说的索莫菲尔德波[18],造成这种现象的主要原因是,相对于波长来说,此时结构中的微小变化已经不足以对电磁波带来明显的影响,可以忽略不计;随着频率不断提高,表面等离激元的频率无限接近 ω_{sp}。此时表面等离激元的波长和群速度为零,类似于静电场性质;当频率更高时,结构将无法激励起表面等离激元模式,电磁波会表现为辐射模式,被辐射到自由空间中。

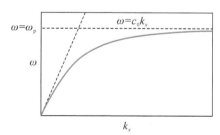

图 2.2　人工表面等离激元的色散特性曲线[17]

然而,正如前文所提到的,表面等离激元一般只能在光波段才能观察得

到，此时的金属存在负的介电常数，式(2.9)得以满足。而在微波段等频率低的频段，金属被近似看成是理想导体(Perfect Electric Conductor，PEC)，此时的金属表面无法形成有效的电子共振现象，因此没有表面波被激励。2004年，帝国理工学院的Pendry教授在 *Science* 杂志上首次提出用人工结构在微波频段模拟表面等离激元[19]。研究表明，当PEC表面上周期性刻蚀亚波长孔结构时，就会有类似光波段表面等离激元模式的表面电磁波模式产生，这种模式也被称为人工表面等离激元模式。此后，随着研究的深入，人们慢慢发现许多结构都可以支持这种人工表面等离激元模式，如一维的槽阵列、二维的孔阵列等。对于如图2.3(a)所示的一维槽阵列来说，根据等效媒质理论，可以得到该种结构支持的表面波模式的色散关系如下[20]：

$$\frac{\sqrt{k_x^2 - k_0^2}}{k_0} = \frac{a}{d}\tan(k_0 h) \qquad (2.14)$$

其中，d 为单元结构的周期长度，a 为凹槽宽度，h 为凹槽深度，如图2.3(a)所示。根据式(2.14)，可以画出一维槽阵列上表面波模式的色散曲线，如图2.3(b)所示。对比图2.2可知，两者具有一致的色散特性，即一维槽结构可以用来模拟光波段的表面等离激元现象。同时，由式(2.14)可见，单元结构的三个参数均作用于色散特性。因此，在未来的设计中可以利用这三个参数控制一维槽阵列的色散曲线。

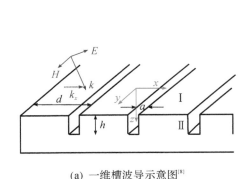

(a) 一维槽波导示意图[8]　　　　　　(b) 一维槽波导的色散特性曲线[8]

图2.3　一维槽波导的示意图及色散特性曲线

综上所述(人工)表面等离激元模式的特征可总结如下：

(1) 支持该模式的结构存在至少一个结构分界面(一般是金属与介质材料所构成的分界面)；

(2) 该模式在垂直于截面两侧表现为凋落模式；

(3) 该模式是具有特定截止频率的横磁(TM)模式。

2.2.2　人工表面等离激元色散特性分析

在早期的研究中，为方便解析表达，研究人员构建的人工表面等离激元结构均为三维立体结构，如周期细槽结构、周期孔阵列及其他可解析的异形结构。根据等效媒质理论，这些周期结构在特定频段内的电谐振特性可使其整体表现出电等离子体的特性，从而与自然介质材料中的电磁场相互作用，形成类似于人工表面等离激元的场模式。随后，等效媒质法和模式匹配法也被逐渐用于获得人工表面等离激元结构的解析场模式。这些理论几乎可以完美揭示结构中的物理机理，但也无法应用于特别复杂的情形，适用结构有限。

为使色散特性分析可用于复杂结构的情况，张浩驰等人将网络拓扑法引入理论模型中，用以描述复杂结构的电磁特性，同时依旧采用场模式法描述上半空间介质材料中的电磁行为，进而利用固有的阻抗边界条件将两者融合在一起求得复杂结构的本征色散特性。但需指出，该方法仍存在一定的局限：① 该方法仍受限于结构周期远小于波长的前提，因此也限制了该方法对于结构中高次模的预测；② 该方法忽略了金属结构表面的厚度，即忽略了结构的边缘效应和在厚度方向上的高次模。具体的分析方法可参见参考文献[21]。

含有介质衬底的人工表面等离激元结构由于无法满足解析条件，难以通过解析或者半解析的方法研究其色散特性。因此，有研究者提出将人工表面等离激元单元视为由电路元件所构成的网络进行分析。新加坡国立大学的陈志宁教授团队提出了人工表面等离激元结构的集总参数模型[22-23]。根据其理论计算结构，集总参数模型在较低的频段可以几乎完美地预测人工表面等离激元的色散曲线，但在较高的频段会引起较大的误差。这是由于人工表面等离激元波的导波波长在截止频率附近与结构周期长度已经可以相比拟，引入的空间色散效应已无法忽略。

为完善相关理论，张浩驰等人提出将传输线模型进一步引入人工表面等离激元的等效电路中，用以描述具有一定长度的金属条带的电磁响应[21]。按照其推导，对于最为常见的褶皱条带结构而言，等效电路拓扑如图 2.4(a)所示。在此等效网络拓扑的基础上，可以通过微波传递矩阵的方法分析该结构所支持的人工表面等离激元模式的色散特性。在该电路模型中，为了准确描述共形人工表面等离激元结构中电磁场的行为，串联支路的连线可以被认为是平面高保线，而并联枝节则因邻近单元的耦合而被当作共面波导传输结构。因此，整个人工表面等离激元单元即可被认为是由两段级联的平面高保线和一段并联的开路共面波导组成的网络，如图 2.4(b)所示。在模型中，采用共面波导来描述并联枝节行为的另一个好处是可以将在传播方向上的电场分量亦纳入考虑，这与人工表面等离激元支持横磁模式的结论相呼应。由电路网络理论可以发现，开路并联支路和串联支路分别可以起到色散电容和色散电感的作用。因此，从物理原理的角度可以认为人工表面等离模式产生的原因可归结为该结构的电路谐振替代了自然表面等离激元体系中的光子—电子谐振，从而会出现类似的色散行为。根据微波网络相关知识，可得到如下的色散关系表达式：

$$\cos(k_x p) = \cos(k_g l) + \frac{\mathrm{j} Z_g Y}{2} \sin(k_g l) \tag{2.15}$$

其中，k_x 是整个结构的等效波数，p 为结构的周期长度，k_g 和 Z_g 分别是平面高保线的波数和阻抗，l 为高保线的等效长度，而导纳 Y 则表示并联枝节的等效导纳。不难发现，并联枝节的影响完全是通过整体导纳值 Y 来体现的，这也意味着对于更复杂的枝节形状，只需要将复杂枝节导纳值 Y 代入具体表达式即可。而对于常见的矩形枝节情形，并联支路的导纳可以计算为

$$Y = \frac{-i\tan(k_c h_{e1})}{Z_c} \tag{2.16}$$

其中，k_c、Z_c 和 h_{e1} 分别代表并联支路的波数、阻抗和等效长度。

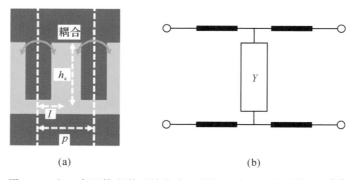

(a)　　　　　　　　　　　(b)

图 2.4　人工表面等离激元结构典型结构及其相关的等效电路[21]

2.2.3　人工表面等离激元色散特性验证

　　本征模仿真是一种可以快速且精确获取复杂结构色散曲线的计算机仿真方法，目前常用的商业全波仿真软件主要包括 CST（Computer Simulation Technology）微波工作室和 Ansys HFSS 等。仿真方法均利用 Floquet 定理将色散状态求解转换为具有特定边界条件的谐振问题来求解。以 CST 微波工作室为例，在求解人工表面等离激元单元结构的色散曲线时，需在单元结构构建完毕后将传播方向的边界条件设置为周期边界（Periodic），将非传播方向的边界向外延伸一定距离（一般设置为 10 倍周期长度）后设置为电边界［Electric（$E_t = 0$）］或磁边界［Magnetic（$H_t = 0$）］，然后将周期性边界条件之间的固有相

移(Phase)进行扫参，以获得不同相移状态下的模式频率。根据固有相移与传播方向上传播常数 k 之间的换算关系即可得到单元结构的色散特性曲线：

$$k_x = \frac{\text{Phase} \cdot \pi}{180 p} \tag{2.17}$$

其中，p 为单元结构的周期长度。

　　以最常见的 U 形单元结构为例，将单元结构的周期 p 设置为 5 mm，凹槽深度 h 设置为 4 mm，凹槽宽度 a 设置为 2 mm。参数扫描的结果如图 2.5 所示。可以看到，此图中的色散特性曲线与图 2.2 中显示的表面等离激元的色散曲线形状几乎相同，印证了 U 形结构所构成的人工表面等离激元传输线可以模拟表面等离激元的传输性质。从图 2.5 中，亦可以分析得到其相速度和群速度的信息。根据相速度的定义可知，色散曲线上某点处的相速度值应为该点与原点连线的斜率。同理，色散曲线上某点处的群速度值应为该点处切线的斜率。可以发现，在人工表面等离激元传播过程中，其相速度与群速度均小于光速，因而其波导波长亦小于自由波长。因此，该结构是一种慢波结构，该结构支持的传输模式为人工表面等离激元模式。

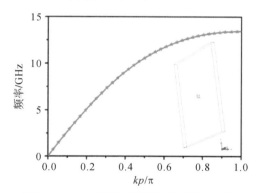

图 2.5　U 形结构按给定参数建模仿真得到的色散特性曲线

　　值得注意的是，人工表面等离激元的特性是与结构设计息息相关的。不同于表面等离激元，人工表面等离激元的色散特性不仅由构成结构的材料决定，更大程度上取决于所设计的结构的物理尺寸。前面曾经提到，单元结构中的三个参数即周期长度 p、凹槽宽度 a 以及凹槽深度 h 均会对色散特性有一定的影响。接下来将对这三个参数逐一进行分析，明确它们与色散特性之间的关系。图 2.6(a)给出不同周期长度对应的不同色散特性曲线，可以看出周期长度对于截止频率的影响非常明显且具有一定规律，但是在一般的设计中，周期往往是一定的。因此，周期长度不用于调节人工表面等离激元的传输特性，而用于决定整个人工表面等离激元传输线工作的截止频率。不同凹槽宽度对应的色散特性在图 2.6(b)中给出，可以看到凹槽宽度对截止频率虽然有一定的影响，但是影响非常小且规律性不明显，而且通常情况下，凹槽宽度受周期长度的限制，也不宜用来作为调控色散特性的主要参量。对比来看，由图 2.6(c)中给出的不同凹槽深度对应的色散特性曲线，变化明显且规律，是用来调控色散特性的最佳参量。可以看到，随着凹槽深度的减小，人工表面等离激元传输线对于电磁波的束缚越来越弱；凹槽深度增加，色散特性曲线远离光线，束缚能力越来越强，同时，截止频率也随之减小。因此，在大多数设计中，均采用控制凹槽深度的变化来调控人工表面等离激元传输线的传播特性。

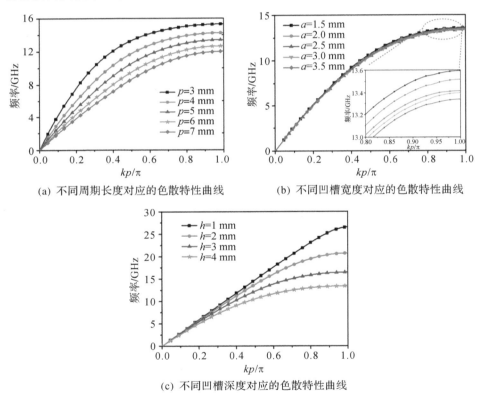

(a) 不同周期长度对应的色散特性曲线　　(b) 不同凹槽宽度对应的色散特性曲线

(c) 不同凹槽深度对应的色散特性曲线

图 2.6　不同单元结构参数对于色散特性的影响

对于实际的器件设计和系统应用来说，往往需要一些对称结构，因此若将 U 形结构沿底边对称，即可得到一种对称的 H 形结构。为了明确这种 H 形结构的色散特性，同样利用电磁仿真软件对这种结构进行建模与本征模仿真，周期结构长度 p、凹槽宽度 a 以及凹槽深度 h 的设置均与 U 形结构保持一致。经过扫参，可以得到 H 形单元结构的色散特性曲线,如图 2.7 所示。与 U 形结构相比,H 形结构的色散特性趋势与其完全一样,进而说明 H 形结构也可用来构造人工表面等离激元传输线,U 形结构具有的传播特性对于 H 形结构来说也同样具有。而它们的不同也主要体现在 H 形结构具有更大的传播常数,即 H 形结构对于电磁波的束缚能力要强于 U 形结构,这也是 H 形结构的截止频率小于 U 形结构截止频率的原因。因此,在后续应用中,可以根据具体需求选择采用不同的结构。但是在使用 H 形结构时需要注意,实际中可能存在激励不完全对称的情况。根据微波网络相关知识,激励不完全对称的情况下,其可以看成是一个对称激励和一个反对称激励的叠加,反对称激励将会激励反对称模式,反对称模式和对称模式同时存在将有可能引起模式杂化,从而导致场分布的变化。

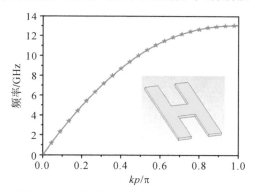

图 2.7　H 形单元结构及其色散特性曲线

若将 H 形结构进一步扩展,亦可以得到一种三维的立体单元结构,如图 2.8 所示。在某些应用需求下,这种结构可以和同轴线相连,发挥巨大的作用。

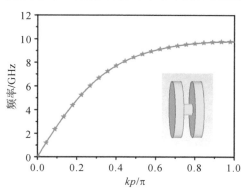

图 2.8　一种立体三维人工表面等离激元单元结构及其色散特性曲线

因此,人工表面等离激元具有对结构参数敏感的特性,这也为通过结构参数调节人工表面等离激元模式行为的方案提供了理论依据。

为充分验证人工表面等离激元单元色散特性，除了将理论计算结果与全波仿真结果进行比较之外，还需与实际测试结果进行比较。目前，直接测得人工表面等离激元的色散特性仍较为困难，主要由于其与空间导波模式之间存在天然隔离，难以实现高效激励，若引入过渡结构进行激励，则单元色散的结构敏感性将难以保证模式纯度。因此，最常用的实验验证手段是采用近场测试，通过监测其近场分布来计算不同频率下的导波波长，从而反推出其色散特性。

2.2.4 奇模人工表面等离激元色散特性

相比较常见的偶模人工表面等离激元，目前针对奇模人工表面等离激元的研究及介绍相对较少，本节即对奇模人工表面等离激元的色散特性加以说明。

利用 2.2 节中对人工表面等离激元小单元的色散特性的提取方法，可使用 CST Microwave Studio 仿真软件的本征求解器进行色散曲线的仿真。本设计中人工表面等离激元小单元的具体尺寸为：$p=3$ mm，$w=24$ mm，$a=1.7$ mm。单元沿 z 轴排布，z 轴方向设置为周期边界，其余设置为理想电边界（Perfect Electric Conductor，PEC），得到人工表面等离激元小单元的色散曲线如图 2.9 所示。可以看出，图中区域被光线分为两部分，位于光线左侧的是快波区域，位于光线右侧的是慢波区域。快波区域的相位常数小于光线的相位常数，相速度大于光速。慢波则相反，慢波区域的相位常数是大于光线的。快波区域是辐射区域[24]，而慢波区域是传输区域。人工表面等离激元奇模的色散曲线能够从快波区域穿越到慢波区域，并且和光线在 3.19 GHz 处相交。但是，人工表面等离激元偶模的色散曲线一直位于光线的右侧，一直处于慢波区域。因此，可以发现利用人工表面等离激元奇模设计的天线存在天然辐射的特性，而利用人工表面等离激元偶模设计的天线则需要将传输模式调制成辐射模式，才能实现将束缚在人工表面等离激元表面的波辐射到自由空间。

为了更直观显示人工表面等离激元奇模和偶模的差别，可借助 CST 仿真软件得到人工表面等离激元小单元周围的电场分布，如图 2.10 所示。从图 2.10 中可以清晰地看出，对于奇模来说，人工表面等离激元小单元两侧电场具有等幅同相的特性。相反地，偶模的人工表面等离激元单元两侧电场分布是等幅反相的。因此，基于奇模的人工表面等离激元单元可以被视为小电流元，串联排布之后能够实现端射方向的辐射。而偶模的人工表面等离激元单元不能实现端射方向的辐射。

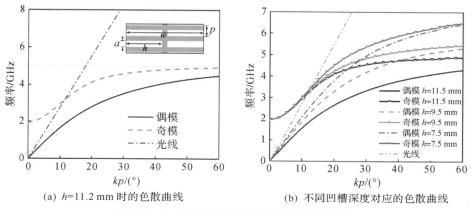

(a) h=11.2 mm 时的色散曲线   (b) 不同凹槽深度对应的色散曲线

图 2.9 人工表面等离激元单元的色散曲线图

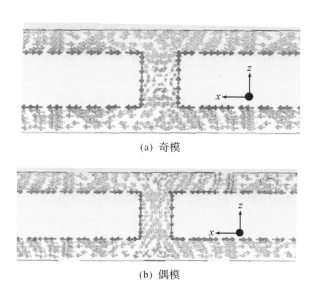

(a) 奇模

(b) 偶模

图 2.10 人工表面等离激元单元的电场分布

此外，人工表面等离激元凹槽深度对色散特性的影响最为重要。当深度 h 为 11.2 mm 时，其人工表面等离激元单元的奇偶模色散曲线的截止频率都为 5 GHz，意味着越过此频率，人工表面等离激元波将不能再传播，会出现截止效应。对凹槽深度 h 进行改变，截止频率会发生显著变化。图 2.9(b) 给出了不同凹槽深度下人工表面等离激元单元的奇偶模色散曲线。当凹槽深度变深时，人工表面等离激元的截止频率变低。同时可以分析得到，固定某一频率下，当人工表面等离激元的凹槽深度变浅时，人工表面等离激元的相位常数会变小。根据 Hansen-Woodyard 条件[25-26]，当优化的波数比真空中的波数稍大，即色散曲线在靠近光线附近时，能够实现强方向性的辐射。

总之，根据色散曲线和电场分布，设计利用人工表面等离激元奇模的结构，能够在光线左侧的快波区域（较低频段）天然实现辐射，若再经过末端结构的加载，能够在光线右侧（较高频段）将传输波转换成辐射波，最终实现在一个较宽的频带范围内辐射。利用奇模模式，可在天线远场实现端射的方向图。

奇模人工表面等离激元能够产生端射辐射特性的理论分析为：串联的人工表面等离激元单元可以看作能够支持行波传播的连续线源[25]，符合阵列天线的原理。天线阵中的单元因子可表示为以下形式：

$$F_1(\theta) = \sin\theta \qquad (2.18)$$

其电流元是沿着 z 轴放置的。每一个组成人工表面等离激元传输线的 H 形人工表面等离激元单元可以被等效为小电流元。由于在本设计中人工表面等离激元单元是沿着 x 方向放置的，θ 是与 z 轴的夹角，因而单元因子变换为

$$F_1(\theta) = \sin\left(\theta + \frac{\pi}{2}\right) = \cos\theta \qquad (2.19)$$

当把串联的人工表面等离激元结构视作连续线源模型后，每一个单元的电流相位依次滞后。根据文献[25]，阵因子满足以下公式：

$$|f_a(\theta)| = \left|\int_0^L I_0 \, e^{j\alpha z} \, e^{jk_0 z\cos\theta} \mathrm{d}z\right| \qquad (2.20)$$

式中：θ 是观察点的角度；L 是沿着 z 轴放置的线源模型的长度，这里设置为 80 mm；α 是相位常数，在本设计中等同于人工表面等离激元单元色散曲线中的 k；k_0 是自由空间的波数。阵因子经过计算有如下表示：

$$F_A(\theta) = \frac{\sin u}{u} \qquad (2.21)$$

其中 u 为

$$u = \frac{L}{2}(k_0\cos\theta + \alpha) \qquad (2.22)$$

随后，根据阵列天线的方向图乘积定理，方向函数为

$$F(\theta) = F_A(\theta) \cdot F_1(\theta) \qquad (2.23)$$

值得说明的一点是，把每个天线单元上的电场分布视为等幅分布，即相同元，并且忽略单元之间的互耦影响即可满足方向函数的表达。但在实际中，由于行波天线的电磁能量随着波的不断向外泄漏，天线单元的电场幅度是随着距离源点的距离而降低的。

为了进一步验证连续线源模型的辐射特性，利用 MATLAB 软件对归一化

的方向函数进行计算。图 2.11 给出了四个不同相位常数的连续线源远场归一化方向图。当满足相位常数小于自由空间的波数时,在端射方向(0°)能够实现良好的辐射。也就是说,此时辐射是由快波产生的。而当相位常数略大于自由空间的波数时,同样可以实现端射的辐射。这是由于慢波满足 Hansen-Woodyard 条件,也能够实现良好的辐射。通过以上分析可见,利用人工表面等离激元奇模和末端渐变结构的天线可支持宽频带内稳定的端射辐射。

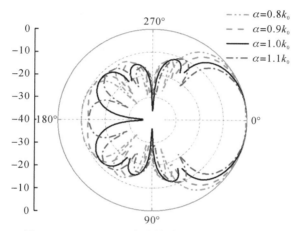

图 2.11　MATLAB 中连续线源的归一化方向图

本章参考文献

[1]　RITCHIE R H. Plasma losses by fast electrons in thin films. Physical Review,1957,106 (5):874 - 881.

[2]　BOHM D,PINES D. A collective description of electron interactions. Ⅰ. Magnetic Interactions. Physical Review,1951,82 (5):625.

[3]　PINES D,BOHM D. A collective description of electron interactions: Ⅱ. Collective vs Individual Particle Aspects of the Interactions. Physical Review 1952,85 (2):338 - 353.

[4]　BOHM D,PINES D. A collective description of electron interactions: Ⅲ. Coulomb Interactions in a Degenerate Electron Gas. Physical Review 1953,92 (3):609 - 625.

[5]　POWELL C J,SWAN J B. Origin of the characteristic electron energy losses in aluminum. Physical Review,1959,115 (4):869.

[6] BARNES W L, DEREUX A, EBBESEN T W. Surface plasmon subwavelength optics. Nature, 2003, 424 (6950): 824 – 830.

[7] PENDRY J B, MARTIN-MORENO L, GARCIA-VIDAL F J. Mimicking surface plasmons with structured surfaces. Science, 2004, 305 (5685): 847 – 848.

[8] GARCIA-VIDAL F J, MARTIN-MORENO L, PENDRY J B. Surfaces with holes in them: new plasmonic metamaterials. Journal of Optics a-Pure and Applied Optics, 2005, 7 (2): S97 – S101.

[9] HIBBINS A P, EVANS B R, SAMBLES J R. Experimental verification of designer surface plasmons. Science, 2005, 308 (5722): 670 – 672.

[10] GAN Q, U Z, DING Y J, BARTOLI F J. Ultrawide-bandwidth slow-light system based on THz plasmonic graded metallic grating structures. Physical Review Letters, 2008, 100 (25): 256803.

[11] MAIER S A, ANDREWS S R, MARTIN-MORENO L, et al. Terahertz surface plasmon-polariton propagation and focusing on periodically corrugated metal wires. Physical Review Letters, 2006, 97 (17): 176805.

[12] FERNANDEZ-DOMINGUEZ A I, MORENO E, MARTIN-MORENO L, et al. Guiding terahertz waves along subwavelength channels. Physical Review B, 2009, 79, (23): 233104.

[13] FERNANDEZ-DOMINGUEZ A I, MORENO E, MARTIN-MORENO L, et al. Terahertz wedge plasmon polaritons. Optics Letters, 2009, 34 (13): 2063 – 2065.

[14] ZHOU Y J, JIANG Q, CUI T J. Bidirectional bending splitter of designer surface plasmons. Applied Physics Letters, 2011, 99 (11): 111904.

[15] SHEN X, CUI T J, MARTIN-CANO D, et al. Conformal surface plasmons propagating on ultrathin and flexible films. Proceedings of the National Academy of Sciences of the United States of America, 2013, 110 (1): 40 – 45.

[16] 王子宇. 微波技术基础. 北京: 北京大学出版社, 2013.

[17] MAIER S A. Plasmonics: fundamentals and applications. Springer Berlin, 2007, 52 (11): 49 – 74.

[18] GOUBAU G. Surface waves and their application to transmission

lines. Journal of Applied Physics，1950，21（11）：1119－1128.

[19] PENDRY J B，MARTIN-MORENO L，GARCIA-VIDAL F J. Mimicking surface plasmons with structured surfaces. Science，2004，305（5685）：847－848.

[20] GARCIA-VIDAL F J，MARTIN-MORENO L，PENDRY J B. Surfaces with holes in them：new plasmonic metamaterials. Journal of Optics A Pure & Applied Optics，2005，7（2）：S97.

[21] 张浩驰. 人工表面等离激元的基本原理、器件综合及系统集成. 南京：东南大学，2020.

[22] KIANINEJAD A，CHEN Z N，QIU C W. Design and modeling of spoof surface plasmon modes-based microwave slow-wave transmission line. IEEE Transactions-on Microwave Theory and Techniques，2015，63（6）：1817－1825.

[23] KIANINEJAD A，CHEN Z N，QIU C W. Full modeling，loss reduction，and mutual coupling control of spoof surface plasmon-based meander slow wave transmission lines. IEEE Transactions on Microwave Theory and Techniques，2018，66（8）：3764－3772.

[24] KIM S H，OH S S，KIM K J，et al. Subwavelength localization and toroidal dipole moment of spoof surface plasmon polaritons. Physical Review B，2015，91（3）：035116.

[25] KRAUS J D，MARHEFKA R J. Antennas for all applications：Antennas for all applications，2003.

[26] SUTINJO A，OKONIEWSKI M，JOHNSTON R H. Radiation from fast and slow traveling waves. IEEE Antennas and Propagation Magazine，2008，50（4）：175－181.

第3章 寄生结构对人工表面等离激元模式的作用

3.1 引　言

寄生结构的加载可分为两种，一种是周期性地加载在人工表面等离激元传输线周围，一种是加载在人工表面等离激元传输线的末端。当寄生结构周期性地加载在人工表面等离激元传输线周围时，人工表面等离激元传输线上束缚的电磁能量可耦合到寄生结构上，进而被寄生结构辐射，这样便实现了人工表面等离激元模式向自由空间中辐射模式的转换。这是一种典型的人工表面等离激元漏波天线设计手段，通过改变寄生结构的形状、结构参数、排布方式、与传输线之间的距离等，可获得不同辐射性能的天线设计。当寄生结构加载在人工表面等离激元传输线末端时，天线则表现为端射辐射，人工表面等离激元传输线将能量传输至末端的寄生结构，激励寄生结构，从而实现辐射。这种端射天线的性能主要取决于寄生结构本身的辐射性能及寄生结构与人工表面等离激元传输线之间的能量耦合情况。本章分别介绍几种周期性加载寄生结构和末端加载寄生结构的设计。

3.2　周期加载圆形贴片的频率扫描天线

最早出现的扫描天线大多是利用机械装置控制天线在空间中的位置变化来实现扫描功能的。随着电扫描天线的出现，传统的机械扫描天线逐渐被取代。电扫描天线是指用电控的方法使天线在没有机械运动的情况下，实现对空间某特定区域的扫描。电扫描天线实现波束扫描的方式主要有相位扫描、频率扫描、时延扫描和电子馈电开关扫描等[1]，其中应用比较广泛的是相位扫描和频率扫描。相位扫描天线是指波束指向角随输入信号的相位改变而改变的天线，即通常所说的相控阵天线。频率扫描天线是指波束指向角随工作频率的少量改变而有规律地大范围改变的天线。这种天线主要利用任意两个相邻辐射单元的馈电相位差，实现对辐射波束指向角的控制。

　　频率扫描天线最早提出于 20 世纪 30 年代，当时提出的频率扫描天线主要应用于雷达系统，并在 50 年代开始逐步大范围应用于军事领域[2-4]。它是最早应用于三坐标雷达的电子扫描雷达天线，具有低成本、机动性好、波束扫描速度快等优点，至今仍被大量应用于雷达系统中。目前，有关频率扫描天线的实现方法有很多，主要分为两大类：一类是通过慢波结构来实现波束扫描[5-6]，另一类是靠漏波天线来形成随频率扫描的波束[7-10]。利用漏波天线实现频率扫描的天线结构简单、效率较高，同时漏波天线方面已经有了比较成熟的理论支撑。但是漏波天线作为频率扫描天线的不足之处在于其波束扫描角度十分受限，只能应用于对扫描角度要求不高的系统中。虽然已有一些技术可以克服漏波天线的单一方向扫描这一不足，实现双向扫描[11-14]，但由于设计过程仍然不够简洁，使得利用慢波结构实现的频率扫描天线的应用市场已经超过漏波天线。慢波结构实现的频率扫描天线则可以在正负方向上扫描，对于这类频率扫描天线来说，慢波结构是完成频率扫描功能的核心部分，可以说是慢波结构决定了频率扫描天线的基本性能，所以这类频率扫描天线的研究主要集中在对于慢波结构的研究上。人工表面等离激元传输线作为一种慢波结构，正好可以用来实现宽角度双向频率扫描天线。

3.2.1　理论分析

　　在本节的设计中，辐射单元被选定为圆形金属贴片阵列，放置在人工表面等离激元传输线的旁边，耦合其上的电磁波并进行辐射。下面首先对圆形金属贴片放置在人工表面等离激元传输线旁边时的耦合情况进行分析。

　　当有金属贴片放置在传输线旁边耦合其上的电磁波时，有两种不同的耦合方式。当金属贴片的中心线和磁场最大值的位置重合时，会产生磁耦合（也称为电感耦合）；当金属贴片的中心线和电场最大值的位置重合时，会产生电耦合（也称为电容耦合）。可以利用电磁仿真软件 CST Microwave Studio 对本章的设计进行仿真，以明确本设计中的耦合方式。图 3.1 给出了耦合部分在不同截面下的电流和磁场分布。

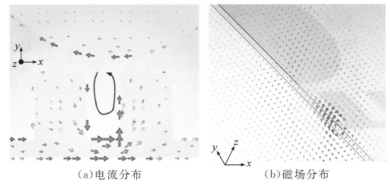

（a）电流分布　　　　　　　　（b）磁场分布

图 3.1　8 GHz 时耦合部分的电流分布与磁场分布情况

事实上，耦合强度可以由以下两个公式定义：

$$C_J = \int_v \boldsymbol{E} \cdot \boldsymbol{J} \mathrm{d}v \tag{3.1}$$

$$C_M = \int_v \boldsymbol{H} \cdot \boldsymbol{M} \mathrm{d}v \tag{3.2}$$

其中，$\boldsymbol{E}$ 和 $\boldsymbol{H}$ 分别表示电场和磁场强度，$\boldsymbol{J}$ 和 $\boldsymbol{M}$ 分别表示等效电流密度和等效磁流密度。结合图 3.1(a) 给出的电流分布图，可以看到电流沿着人工表面等离激元传输线单元的边缘和贴片的边缘构成了一个循环。根据右手定则可以知道，此时的等效磁场方向应该是垂直于截面沿＋z 方向分布。接着对耦合部分的磁场分布进行仿真，结果如图 3.1(b) 所示。可以清楚地看到，此时的磁场方向沿＋z 方向分布，因此式 (3.2) 达到最大值。同理可得，式 (3.1) 为零。也就是说，在本设计中，贴片耦合传输线电磁波的方式是磁耦合。

根据阵列天线的方向图相乘原理，阵列天线的总场方向图为单元方向图与阵因子方向图的乘积，但由于本设计中每个圆形金属贴片均为各向同性，因此单元的辐射方向图对于整个阵列辐射方向图的影响微乎其微，只研究阵因子便能获得阵列的辐射特性。当人工表面等离激元传输线上的电磁波要辐射到自由空间中时，需要经过两个过程，首先是将电磁波耦合到圆形贴片上，其次才是将耦合的电磁波辐射到自由空间中。在第一步中，人工表面等离激元传输线上传播的电磁波在不同位置的相位不一样，所以耦合到圆形贴片上的相位也是不同的，这种由人工表面等离激元传输线引入的不同的相位记为 ψ_{-3}、ψ_{-2}、ψ_{-1}、ψ_0、ψ_1、ψ_2、ψ_3，分别对应于图 3.2 中编号为 −3～3 的贴片。这样，就可以得到第 n 个贴片和最中间的贴片之间的相位差为 $\Delta\psi_n = \beta n d$，其中 β 为人工表面等离激元传输线的传播常数。这种由人工表面等离激元传输线引入的相位差可以看作是对第二步中所需相位的补偿。

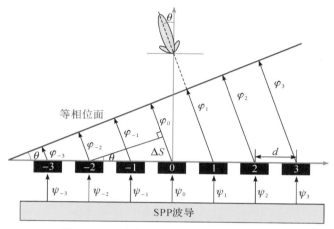

图 3.2　辐射波束发生偏移的原理示意图

在第二步中，波束扫描的特性将被呈现。当辐射波束需要偏折一个角度（即图 3.2 中的角度 θ）时，通过不同圆形贴片辐射的电磁波就要到达倾斜的等相位面，即经过的路径不同。由于等相位面上各圆形贴片辐射的电磁波相位必定相同，因此需要一定的相位补偿来满足这一关系。假设从贴片到倾斜的等相位面上电磁波的相位变化记为 φ_{-3}、φ_{-2}、φ_{-1}、φ_0、φ_1、φ_2、φ_3，分别对应于图中编号为 $-3\sim3$ 的贴片。在波束扫描过程中，不同频率时所需的不同的 φ_n 都是由人工表面等离激元传输线引起的。如果波束扫描的角度为 θ，即等相位面和水平面间的夹角为 θ，那么第 n 个圆形贴片和最中间的圆形贴片间应该存在的相位差可以用 $\Delta\varphi_n = k_0\Delta s = -k_0 nd\sin\theta$ 表示，其中 k_0 为自由空间中的波束，Δs 表示光程差，d 则为相邻两个圆形贴片之间的距离。这样，在不考虑单元因子的情况下，整个圆形贴片阵列的方向图可以通过下式得到：

$$E = C\frac{\mathrm{e}^{-jkr}}{r}f(\theta,\varphi)S(\theta) \tag{3.3}$$

其中，

$$S(\theta) = \sum_{n=-3}^{3} I_n \mathrm{e}^{jn\phi} \tag{3.4}$$

$$\phi = kd\sin\theta + \Delta\psi_n \tag{3.5}$$

这里的 θ 表示观察点的角度，$\Delta\psi_n$ 为前面提到的由人工表面等离激元 s 传输线引入的相位差。每个圆形贴片单元的辐射方向图由 $f(\theta,\varphi)$ 表示，由于单元的辐射方向图波束宽度很宽，所以在本设计中认为其值为 1。I_n 代表每个圆形贴片的激励振幅，在本设计中为了简化考虑，同样认为其值为 1。值得注意的是，这里的简化考虑仅仅是为了证实有频率扫描的现象，而非精确计算。因为只有认为每个圆形贴片的激励振幅都一致，才可以简化阵列辐射方向图的公式。但是，每当电磁波被耦合到一个圆形贴片上以后，就相当于原来的电磁波能量存在一部分泄漏，所以当需要计算天线辐射效率时，则不能将激励振幅看作是一样的。

　　根据上述理论分析，使用 MATLAB 软件对远场辐射方向图进行绘制，绘制结果如图 3.3 所示。可以看到，频率扫描的表现十分明显，而且本设计中频率扫描天线的扫描角度可以从后向一直持续到前向。同时，由于人工表面等离激元传输线的传播常数是随着频率的变化而连续变化的，因此总会存在一个频率，其特定的传播常数使得相邻两个圆形贴片之间的相位差为零，这时的波束扫描角度即为边射方向。这与传统的漏波频率扫描天线相比有很大的优势，传统的漏波频率扫描天线在边射方向总会存在一个辐射阻带，在实际应用中十分受限。

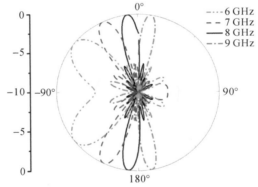

图 3.3　通过 MATLAB 软件根据理论公式画出的四个频率点的辐射方向图

3.2.2　结构设计与实验验证

　　基于上述理论分析，可以利用电磁仿真软件 CST Microwave Studio 对所设计的频率扫描天线进行仿真，整体结构如图 3.4 所示，其中黄色部分表示金属（仿真和实验中均为金属铜），蓝色部分表示介质基板（F4B）板材，仿真结果如图 3.5 所示。整个结构设计在 0.5 mm 厚的 F4B 介质板（介电常数为 2.65，正切损耗为 0.003）上，整体尺寸为 320 mm×55.56 mm。本设计中的人工表面等离激元传输线采用的是 U 形单元结构构成的人工表面等离激元传输线。U 形单元结构的尺寸设计为：周期长度 $p=5$ mm，凹槽宽度 $a=2$ mm，凹槽深度 $h=4$ mm。在这种情况下，用于馈电的共面波导的中心导体宽度设置为 5 mm，为了使其阻抗匹配到 50 Ω，中心导体和两侧金属地结构的间距通过计算，设置为 0.28 mm。过渡部分包含凹槽深度渐变的褶皱带线和开口的金属地结构,分别实现共面波导与 SSPP 传输线间的波数匹配和阻抗匹配。

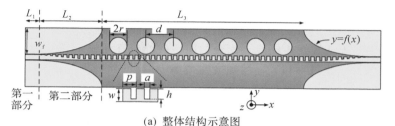

(a) 整体结构示意图

(b) 共面波导部分(第一部分)

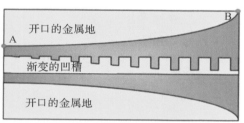

(c) 过渡部分(第二部分)

图 3.4 基于人工表面等离激元的频率扫描天线示意图

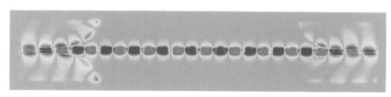

(a) 传统人工表面等离激元传输线的电场分布

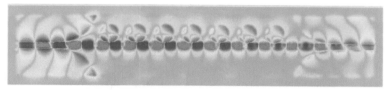

(b) 人工表面等离激元传输线及金属贴片上的电场分布

图 3.5 8 GHz 时电场 z 方向分量分布图

首先对所设计结构的电场进行仿真,图 3.5(a)给出电场 z 方向分量的分布图,作为对比,单纯的人工表面等离激元传输线的电场 z 方向分量分布图也在图 3.5(b)中给出。对比两图可以看到,人工表面等离激元传输线旁边放置的圆形贴片干扰了原本被束缚在传输线上的电磁波,当传输线周围有圆形贴片时,电磁波可以被耦合到贴片上。相同原理的耦合馈电方式[15]在文献[16]中被用来激励微带贴片阵列。为了更清楚地看到辐射波的辐射方向,不同频率的幅度分布在图 3.6 中给出。从图中可以明显地看到,辐射波束的角度随频率变化,从后向到前向连续变化。同时还应注意到,随着电磁波被辐射向自由空间,人工表面等离激元传输线上剩余的电磁波能量逐渐减小,因此在图中人工表面等离激元传输线后段,电场幅度明显小于前段的幅度。

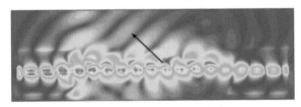

(a) 6 GHz 时的电场幅度分布情况

(b) 7 GHz 时的电场幅度分布情况

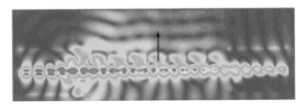

(c) 8 GHz 时的电场幅度分布情况

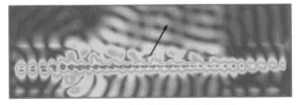

(d) 9 GHz 时的电场幅度分布情况

图 3.6　不同频率点处的电场幅度分布情况

　　上一节中提到,在电磁波耦合到圆形贴片的过程中,能量不断泄漏,所剩余的耦合到圆形贴片上的能量是有所变化的,为了明确这一变化,图 3.7 给出

了仿真得到的沿 x 轴方向圆形贴片中心位置场幅度的变化情况。图中 x 轴数值表示结构的长度，y 轴数值表示馈电幅度。可以看到，馈电幅度在电磁波的传播过程中确实是逐渐减小的。

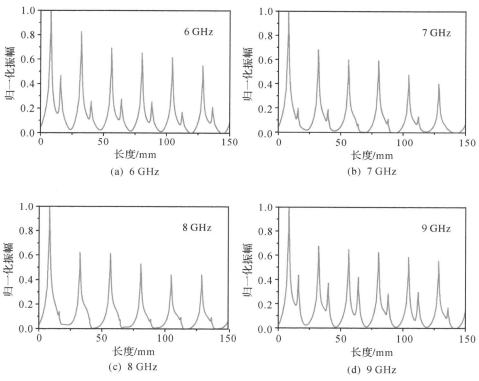

图 3.7　沿金属贴片中心连线仿真得到的不同频率时的馈电幅度

为验证设计的正确性，天线的实物被制作成型用以测试，如图 3.8(a)所示，所有材料均与仿真中保持一致。仿真和测试的 S 参数如图 3.8(b)中所示，二者十分吻合。反射系数 S_{11} 在 5～10 GHz 的范围内均保持在 −10 dB 以下，传输系数 S_{21} 保持在 −7 dB 左右，这两个结果可以说明人工表面等离激元传输线作为天线馈电网络的可行性。仔细观察仿真和测试得到的反射系数 S_{11}，它们之间存在一定的差异，这主要是由于仿真在非常理想的环境下进行，许多机械误差和加工误差在仿真中被忽略。焊接误差、结构平整度、阻抗匹配以及测试系统误差都可能造成实验中的偏差。另外，本节所设计的频率扫描天线的工作频带非常宽，这也会导致仿真结果的不准确。仿真和实验结果中几乎一样的趋势已经可以说明所设计结构的良好表现。其中一种减小二者之间误差的方法是完善阻抗匹配,这就需要精确的阻抗计算。文献[17]中提到了一种将人工表面等离激元传输线用精确的电路模型表征的方法,根据这个方法,人工表面等离激元传输线的特征阻抗可以由 $Z_{\text{inspp}} = \dfrac{Z_0 B}{\sqrt{A^2-1}}$ 计算得到,其中 A 和 B 即为微波网络中 ABCD 矩阵(微波中二端口网络的转移矩阵)中的阵元。然后根据天线的输入阻抗计算公式 $Z_{\text{in}} = Z_{\text{inspp}} \dfrac{1+\varGamma}{1-\varGamma}$,即可得到整个结构的输入阻抗,其中 $\varGamma$ 代表天线的反射系数。

(a) 实物图

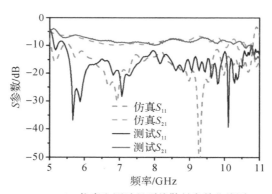

(b) 仿真和测试得到的散射参数曲线图

图 3.8 基于人工表面等离激元的频率扫描天线实物图与散射参数曲线图

所设计频率扫描天线的辐射方向图也得到了仿真和实验的验证,如图 3.9 所示。在实验中,结构的一端与矢量网络分析仪连接并被激励,另一端接一 50 Ω 的匹配负载,整个结构放置于暗室中,测量四个不同频率下 xoz 平面的辐射方向图,坐标系与图 3.1 中保持一致。从图中可以看到,在整个工作频率范围内,辐射方向图都很稳定,当频率从 6 GHz 变化到 9 GHz 时,辐射波束实现了从后向到前向的扫描,总的扫描角度可达 55°。仿真和实验的结果也非常吻合,并能与前面用 MATLAB 计算得到的结果相对应,进一步印证了前面理论分析的正确性。

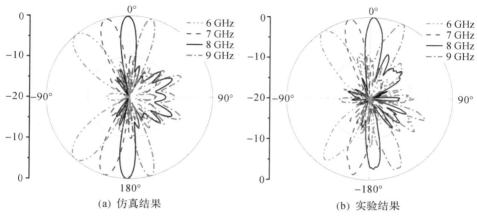

(a) 仿真结果　　　　　　　　　　(b) 实验结果

图 3.9　仿真和测试得到的远场辐射方向图结果对比

　　一个值得注意的地方是，仿真和实验中的辐射方向图均呈现对称分布，这是因为人工表面等离激元传输线是单层结构，没有地板。这种单层结构是人工表面等离激元传输线非常吸引人的优势，没有地板可以方便地设计并制作多层结构。此外，当有地板的传输线作为馈电网络给其他某些种类天线馈电时，如介质谐振天线，金属地板会影响介质内部的电场分布，从而影响最终的辐射方向图。但是，如果使用人工表面等离激元传输线，这种情况就不会发生。同时，人工表面等离激元传输线还可以设计在超薄的柔性板材上，加上其强大的束缚能力，基于此结构的设计均可以任意弯曲、折叠或扭曲，而不影响电磁波的传播。对称的辐射方向图在特定的场合下也有十分重要的应用，当此类天线竖起来放置时，它将是一种在水平范围内角度非常宽的频率扫描天线，在雷达探测系统和某些通信系统中是十分有用的。

　　当考虑到定向性和增益时，本节中的频率扫描天线可以看作是一个一维的相控扫描阵列。因此，所设计结构的定向性和增益可以根据一维相控扫描阵列的特性计算得到。假设结构的整体长度为 L，则定向性可以由 $D=2L/\lambda$ 近似得出。此外，定向性和增益之间存在一个比例因子，当定向性被确定后，增益可以由 $G=\eta D$ 计算得出，其中 η 为天线的辐射效率。图 3.10 给出所设计频率扫描天线的增益和效率，可以看到，在工作频率范围内，增益平均可以维持在 9.8 dBi 的水平上，效率可达 77%。造成功率损耗的原因主要有四个，分别是介质损耗、导体损耗、人工表面等离激元传输线的损耗和回波损耗。在本设计中，介质基板采用的是 F4B 板材，它的正切损耗是 0.003，这个值虽然不大，但已经足以引起电磁波在传播过程中的损耗。实验中结构的金属部分采用了铜，在电磁波耦合到圆形贴片的过程中，金属上会产生感应电流，这也会导致部分能量的损失。当电磁波在人工表面等离激元传输线上传播时，由于传输线本身的性质，总是存在大概 1.5 dB 的损耗。此外，机械误差和加工误差仍然是实验中不可避免的，这些误差将导致共面波导的阻抗不匹配，从而使得回波损耗变大。若要提高所设计频率扫描天线的效率，可以考虑从以下几个方面入手：换用正切损耗小的介质基板，如 Rogers5880，它的正切损耗仅为 0.0009；优化人工表面等离激元传输线的参数，使传输损耗尽可能地小；尽量减小加工中可能人为造成的误差。

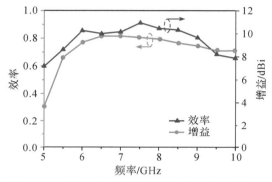

图 3.10   频率扫描天线的辐射效率和增益曲线图

3.3   周期加载圆形贴片的涡旋波辐射器

光涡旋（Optical Vortex，OV）是指同时具有旋转相位面和方位角分量的一类光束。自从人们发现光涡旋中的光子携带轨道角动量（Orbital Angular Momentum，OAM）[18]后，轨道角动量模式便成为一个非常热门的研究领域。最初的轨道角动量模式主要被应用于光学显微镜[19]、显微操作[20-24]、超分辨率成像[25-26]以及量子信息技术[27-32]等方面。经过一系列意义深远的研究之后，人们逐渐发现其在无线通信领域的无限前景。第一个无线电轨道角动量模式（或涡旋波）的仿真早在 2007 年就被提出[33]，文献[33]首次对基于轨道角动量模式的无线通信的理论基础进行了分析。此后，直到 2012 年，南加州大学才完成了有关涡旋波用于无线电传输的实验[34]，该实验充分证明了携带轨道角动量模式的电磁波在无须增加带宽的情况下，能有效提高通信容量。另外，还有研究表明，携带不同轨道角动量模式的电磁波在无线通信时是相互独立、互不干扰的[35]。也就是说，携带有轨道角动量模式 1 的电磁波所携带的信息，接收天线只能使用能产生 −1 模式轨道角动量的相位旋转板来接收高斯波束。

迄今为止，人们已经提出了许多用来产生轨道角动量模式的方法，其中最常用的就是利用旋转相位板[36-39]。这种方法结构简单，操作容易，最初被广泛应用于光波段，后又被扩展到微波和毫米波频段。旋转相位板可以看作是一个衍射元件，通过其光学厚度来调节通过它的电磁场的相位分布。另一个被广泛使用的方法是阵列天线[40-44]，尽管用阵列天线产生轨道角动量模式的技术和基础已经基本成熟，但是由于其复杂的相位调节网络，在实际应用中还存在诸多不便。在实际应用中，不仅要保证辐射单元之间相位关系的稳定性，还要保持辐射功率的一致性，只有这样，才能保证轨道角动量模式的质量。而且，当轨道角动量模式数增大时，阵列天线中所需的天线个数也要随之增加，这也增加了其复杂度和设计制作成本。

近年来有一种新的方法比较引人关注，即利用新型人工电磁表面来调控电磁波的相位分布[45-49]。通过合理设计不同尺寸的亚波长单元结构的排列顺序，与新型人工电磁表面相互作用后的电磁波即可转换为携带轨道角动量模式的电磁波，并且其轨道角动量模式数与新型人工电磁表面的总相位覆盖次数一致。同时，越来越多的关注点落在结构简单且易于加工的单谐振腔上[50-52]，单谐振腔所支持的回音廊模式（Whispering-gallery Mode）与其辐射模式相互作用，也会导致轨道角动量模式的产生。半模介质集成波导天线也被证实可以产生具有轨道角动量模式的涡旋波[53]。目前这些产生轨道角动量的方法各有利弊，仍然存在提升空间。

3.3.1　理论分析

由于涡旋波是具有旋转相位面和方位角分量的电磁波，所以产生涡旋波的关键就在于旋转的相位分布及辐射。基于人工表面等离激元的电磁波辐射方法在上一节中已提到，利用人工表面等离激元传输线馈电，将电磁波耦合到与传输线靠近的圆形贴片阵列上，并通过圆形贴片阵列辐射出去。因此，只要在此基础上实现旋转的相位分布，就可以利用人工表面等离激元传输线产生涡旋波。而要实现旋转的相位分布，则需要把人工表面等离激元传输线绕成一圈，这样在电磁波传播过程中，相位即沿圆周变化，呈旋转状态。如果把上一节中的结构绕成一圈，那么是否有产生轨道角动量模式的可能性？下面对此问题进行分析。

由于相位与传播常数息息相关，人工表面等离激元传输线的传播常数在本设计中又尤为重要，因此图 3.11 再次给出人工表面等离激元传输线单元结构的色散曲线。单元结构的设计与 3.2 节中的一样，周期长度 $p=5$ mm，凹槽宽度 $a=2$ mm，凹槽深度 $h=4$ mm。图中随频率变化的传播常数 k 说明在不同频率下，电磁波经过相同的传播路径，相位变化不同。当人工表面等离激元传输线被绕成一圈时，经过该路径的电磁波的相位不仅实现了旋转，还实现了在不同频率下，总相位变化不同。这是产生轨道角动量模式的基础。根据模式数的定义规则，绕成圈的人工表面等离激元传输线的模式数可以由

$$l'=\frac{2\pi R}{\lambda_g}=\frac{MR\pi}{p}$$

计算得到，其中 R 为环形传输线的半径，p 为人工表面等离激元传输线单元结构的周期，$M=kp/\pi$，具体数值可以从图 3.11 中读出。以本设计的中心频率 6 GHz为例，通过上述公式可以得到没有附加圆形贴片的人工表面等离激元传输线的模式数 $l'=15$。这个模式数与最终得到的轨道角动量的模式数是不同的，后面将进行详细介绍。

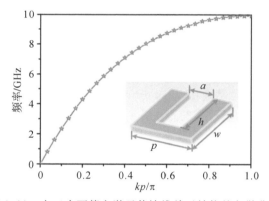

图 3.11　人工表面等离激元传输线单元结构的色散曲线

放置于人工表面等离激元传输线旁边的圆形贴片在 3.2 节中已被证明，可以将传输线上的电磁波耦合于其上并辐射到自由空间中。本设计中，圆形贴片的功能不仅限于辐射单元，还作为圆形谐振器来调控辐射电磁波的相位。当圆形贴片放置在人工表面等离激元传输线旁边时，在耦合电磁波的同时会引起相位滞后。为了明确这一相位滞后，考虑如图 3.12(a)所示的情况，即仅有一个圆形贴片放置在人工表面等离激元传输线旁。

此时，根据耦合关系和反馈路线，输入电场 E_1、输出电场 E_2 以及循环电场 E_3 和 E_4 之间应有如下关系：

$$\begin{bmatrix} E_2 \\ E_4 \end{bmatrix} = \begin{pmatrix} \rho & i\kappa \\ i\kappa & \rho \end{pmatrix} \times \begin{bmatrix} E_1 \\ E_3 \end{bmatrix} \tag{3.6}$$

其中 ρ 和 κ 分别代表自耦合系数和互耦合系数，这两种耦合系数是相互独立的，且满足 $\rho^2+\kappa^2=1$。同时，循环电场 E_4 在经过一圈反馈路线后就变成了 E_3，用公式表示即为

$$E_3 = \mathrm{e}^{-0.5\alpha L}\,\mathrm{e}^{\mathrm{i}\alpha\tau}E_4 = a\mathrm{e}^{\mathrm{i}\varphi}E_4 \tag{3.7}$$

这里，α 是圆形谐振器的衰减常数，φ 代表单循环相位变化，a 是单循环幅度传递因子，τ 为单循环传递时间，ω 则用来表征此时的频率。由式（3.6）和式（3.7）可以推导出输入电场 E_1 和输出电场 E_2 之间的关系：

$$t = \frac{E_2}{E_1} = \frac{\rho - a\mathrm{e}^{\mathrm{i}\varphi}}{1 - \rho a\,\mathrm{e}^{\mathrm{i}\varphi}} \tag{3.8}$$

根据上述关系，可以得到由圆形谐振器引入的相位滞后为 $\Phi = \arg(t)$。

为了更加直观地看到由圆形贴片引入的相位滞后，假设单循环幅度传递因子为 1，则可以得到由圆形谐振器带来的有效相位滞后（即有效相移）与自耦合系数的关系曲线，如图 3.12（b）所示。可以注意到，无论自耦合系数是多少，最大有效相移和最小有效相移之间的差都是 2π。也就是说，如果经过圆形谐振器的单循环相位变化是 2π，那么添加了圆形谐振器后和不添加圆形谐振器时的有效相位差即为 2π。这个结论对接下来的分析也是至关重要的。

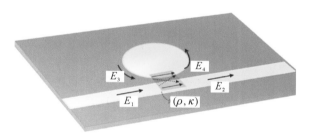

(a) 传输线旁边放置单个圆形谐振器示意图

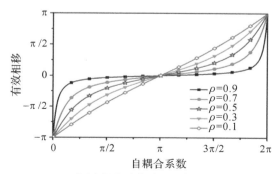

(b) 不同自耦合系数对应的有效相移变化曲线

图 3.12　传输线旁边放置单个圆形谐振器示意图及不同自耦合系数对应的有效相移变化曲线

为证明此结论,可以对附加圆形贴片前后的人工表面等离激元传输线进行仿真。如图 3.13(a)、(b)所示,在两种传输线上各画一条线(图中红色线条),监控其上的相位变化情况。仿真结果如图 3.13(c)、(d)所示,可以明显看到,图 3.13(c)中的相位变化情况遵循普遍的相位变化规律。而当有圆形贴片放置在人工表面等离激元传输线旁边时,在圆形贴片放置位置处,相位会出现突变,如图 3.13(d)所示。这个突变约为 2π,即当有圆形贴片放置在人工表面等离激元传输线旁边时,会引起 2π 的相位滞后,与前面的分析一致。

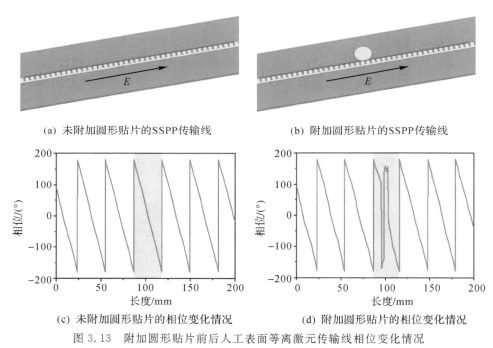

(a) 未附加圆形贴片的SSPP传输线   (b) 附加圆形贴片的SSPP传输线

(c) 未附加圆形贴片的相位变化情况   (d) 附加圆形贴片的相位变化情况

图 3.13   附加圆形贴片前后人工表面等离激元传输线相位变化情况

因此,最终电磁波在通过人工表面等离激元传输线一周后的相位变化,是由传输线和圆形贴片共同控制的。如果总的相位变化量是 2π 的 l 倍,那么所产生的轨道角动量的模式数就是 l。

通过适当的设计,可以使圆形谐振器的单循环相位变化为 2π,进而使轨道角动量模式数的分析过程变得简单。假设所期望的中心频率为 6 GHz(即 $l=0$ 的情况),则圆形贴片的半径应该为 8 mm 左右,以保证单循环相位变化为 2π。为进一步简化分析过程,将人工表面等离激元传输线绕成圈的半径设置为 80 mm,这样整个馈电结构的周长为波导波长的整数倍(本设计中,介质基板采用F4B板材,介电常数为 2.65)。根据图 3.11 给出的色散曲线,可以算得

6 GHz时的传播常数大约为194.7,对应波导波长大约为32 mm。如果没有引入圆形贴片,人工表面等离激元传输线绕成的圈周长大概为波导波长的15倍,也就是说,电磁波经过一圈人工表面等离激元传输线后的相位变化为2π的15倍。根据上面提到的结论,如果圆形谐振器的单循环相移是2π,那么由它带来的相位滞后也为2π。此时,若在人工表面等离激元传输线旁边放置15个圆形贴片,则电磁波在通过传输线一周后的总相位变化(传输线带来的相位变化减去圆形谐振器引起的相位滞后变化)为零,此时的轨道角动量模式数也为0。如果所期望的轨道角动量模式数(l)为1,那么由人工表面等离激元传输线带来的相位变化应该为2π的16倍,这样减去由圆形贴片引入的15倍2π的相位滞后以后,才能保证电磁波的总相位变化为2π。通过计算,结合图3.11,可以推测这种情况应该发生在6.3 GHz左右。同理,轨道角动量模式数$l=2$的情况应该发生在6.6 GHz左右。此外,如果人工表面等离激元传输线提供的相位变化小于圆形贴片引入的相位滞后,那么相位旋转情况就会发生反转。在5.8 GHz左右,由人工表面等离激元传输线提供的相位变化仅为2π的14倍,此时的轨道角动量模式数$l=-1$。同样地,轨道角动量模式数$l=-2$的涡旋波应该在5.5 GHz 左右产生。表 3.1 给出了由理论分析得到的各个谐振频率点数值和中间计算过程的结果,以及仿真得到的每个谐振频率点的数值。通过对比可以看到,理论计算值与仿真结果非常接近,只有微小的差异,这一差异主要由数值计算过程中对传播常数的近似引起,无法避免。

表 3.1　不同轨道角动量模式数对应的谐振频率及中间计算参数

轨道角动量模式数	$l=-2$	$l=-1$	$l=0$	$l=1$	$l=2$
传播常数 k	169.6	181.58	194.7	209.5	220
波导波长 λ_g/mm	37	34.6	32.2	30	28.57
传输线引起的相位变化(2π 的倍数)	13	14	15	16	17
贴片引起的相位滞后(2π 的倍数)	15	15	15	15	15
总相位变化(2π 的倍数)	-2	-1	0	1	2
理论计算谐振频率/GHz	5.41	5.71	6.00	6.28	6.54
全波仿真谐振频率/GHz	5.45	5.78	6.03	6.31	6.59

通过 MATLAB 软件，还可预测本设计的辐射方向图的情况，作为对所设计结构的初步验证。沿人工表面等离激元传输线放置的一系列圆形贴片可以看作是一个环形阵列，本设计的辐射方向图即可根据环形阵列的辐射方向图的计算公式得到：

$$S(\theta, \varphi) = \sum_{n=1}^{N} I_n e^{-i[ka\sin\theta\cos(\varphi-\varphi_n)+\alpha_n]} \tag{3.9}$$

其中，I_n 和 α_n 分别表示第 n 个阵元的幅度和相位，a 为环形阵列的半径，φ_n 表示第 n 个阵元的位置，θ 和 φ 用来描述空间中某点的坐标。为简化计算，假设每个阵元的幅度都相同，但是存在一定的相位差，这个相位差由频率和相邻两个阵元之间的距离决定，也就是说，相邻两个阵元之间的相位差和人工表面等离激元传输线相关。根据式（3.9），可以绘制出归一化的辐射方向图，如图 3.14 所示。从图中可以明显看出，只有在 6 GHz 时可以得到一个普通波束，在其他频率情况下，可以得到符合涡旋波性质的中空辐射方向图。这也从另一个方面验证了前面理论分析的正确性。值得注意的是，这仅仅是一个近似预测，用来定性分析辐射方向图的结果，图中的数值没有任何实际意义。

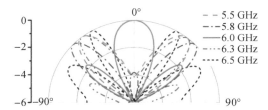

图 3.14　理论计算得到的不同频率下的二维远场辐射方向图

3.3.2　结构设计与实验验证

考虑人工表面等离激元传输线绕成圈以后的可传播性，可以利用文献[54] 中提到的多层结构来设计基于人工表面等离激元的涡旋波辐射器，如图 3.15 所示。其中黄色部分表示金属部分（仿真和实验中均为金属铜），蓝色部分表示介质基板（F4B 板材），相比之下较亮的黄色部分即为介质基板上层的金属结构，较暗的黄色部分则为介质基板下层的金属结构。人工表面等离激元传输线由 U 形结构构成，一半在介质基板上层，一半在介质基板下层，这样能有效避免交汇部分的重叠。上、下两层金属结构之间用金属过孔相连，这里的金属过孔保证了在传输线上传播的电磁波仍然是表面波形式，而非由两层金属边界引起的波导模式。而且这种连接结构在介质板厚度越厚的情况下，传输效率越高。因此，本设计中采用厚度为 3 mm 的 F4B 介质基板。

图 3.15　涡旋波辐射器的示意图及上、下层金属结构连接部分的细节图

此涡旋波辐射器的实物已被制作出，可验证所设计结构辐射涡旋波的可行性。这里用是德科技公司的矢量网络分析仪测试此涡旋波辐射器实物的 S 参数（即反射系数 S_{11} 和传输系数 S_{21}），测试结果如图 3.16 所示。从图 3.16(a)中可以看到，在整个辐射频率范围内（图中紫色部分），反射系数 S_{11} 均小于 -10 dB，意味着阻抗得到了良好匹配。图 3.16(b)给出了本设计的传输系数，从图中可以清楚地看到每一个轨道角动量模式对应的谐振频率点（用紫色的虚线标出，从左至右分别对应频率为 5.45 GHz、5.78 GHz、6.03 GHz、6.31 GHz 以及 6.59 GHz，也即对应轨道角动量模式数 -2、-1、0、1、2 的涡旋波），而且实验测得的结果和仿真结果非常吻合。

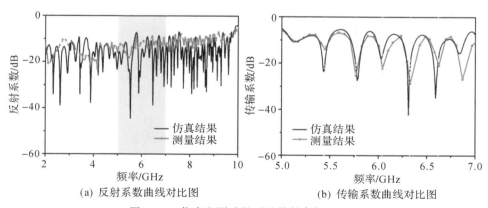

图 3.16　仿真和测试得到的散射参数曲线图

为进一步说明所设计结构的辐射情况，下面利用近场测试系统对实物进行场分布测试。测试系统如图 3.17 所示。测试得到的近场分布如表 3.2 所示，为便于对比，表 3.2 中还给出了不同频率的仿真结果，由于计算机资源的局限性，仿真时的观察平面设置在距离结构上方 500 mm(中心频率对应波长的 10 倍)处，观察平面范围为 370 mm×370 mm。近场测试在微波暗室中利用近场天线测试系统完成，该测试系统由一个固定的平台和一个与矢量网络分析仪相连的位置可控的探针组成。其中一条 50 Ω 同轴电缆连接物体和矢量网络分析仪，另一条连接探针和矢量网络分析仪。垂直的探针放置在距离物体前方 600 mm(中心频率对应波长的 12 倍)的地方作为接收端。在测试过程中，探针沿着 x 和 y 方向一步一步地进行扫描，测得的数据通过 MATLAB 软件绘制出来，总的测试范围设定和仿真时一样，也是 370 mm×370 mm，这样基本覆盖了整个辐射部分的结构。实验结果和仿真结果非常吻合，可以分别在 5.5 GHz、5.8 GHz、6.0 GHz、6.3 GHz 和 6.6 GHz 处获得轨道角动量模式数为 −2、−1、0、1、2 的涡旋波。

图 3.17　微波暗室中搭建的近场测试系统

表 3.2　仿真和测试得到的不同频率对应不同轨道角
动量模式数的涡旋波近场幅度和相位分布

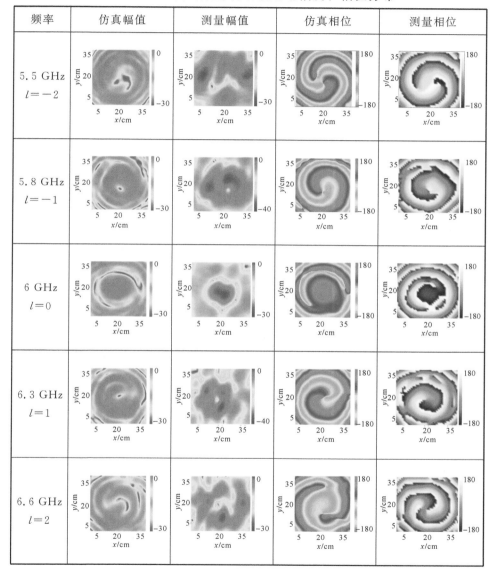

从表 3.2 中所示的幅度和相位分布可推测出所设计结构的辐射方向图。为直观起见，表 3.3 给出了所设计结构仿真和测试得到的远场辐射方向图。6 GHz 时，轨道角动量模式数为 0，因此可以看到一个普通波束。而在其他频

率点,可以看到中空的辐射方向图。中空的方向图存在一些缺陷,这是因为电磁波在传播过程中一直被耦合到圆形贴片上,并被辐射出去,引起了能量泄漏,这样无法保证每个圆形贴片所辐射电磁波的幅度都是一样的。但是这样的结果依然可以印证前面理论分析的正确性,证明本节中利用人工表面等离激元设计涡旋波辐射器的可行性。

表 3.3　仿真和测试得到的不同频率对应的不同轨道角动量模式数的涡旋波远场辐射方向图

频　率	仿真三维辐射方向图	测试三维辐射方向图
5.5 GHz $l=-2$		
5.8 GHz $l=-1$		
6 GHz $l=0$		
6.3 GHz $l=1$		
6.6 GHz $l=2$		

辐射效率和增益对于一个辐射器来说也是十分重要的。表 3.4 给出了本设计中涡旋波辐射器的辐射效率和增益的仿真和测试结果。可以看到，平均辐射效率可高达 70% 左右。另外，从 5.45 GHz 到 6.03 GHz，增益不断增加，随后又逐渐减小。这主要归因于涡旋波辐射方向图本身的特点，其中空的辐射方向图会导致能量被分散而非集中于一处，因此，只有在 6.03 GHz 处，也就是普通辐射波束情况下，增益值达到最大。相比于目前已有的方法，本节中提供的方法具有更简单的结构、更灵活的轨道角动量模式数的设计等优点，还更方便被集成在集成电路中，在未来的无线通信中将发挥巨大的作用。

表 3.4　本设计中涡旋波辐射器的辐射效率和增益的仿真和测试结果

轨道角动量模式数	仿真增益/dBi	测试增益/dBi	仿真辐射效率	测试辐射效率
$l=-2$	14.55	13.73	67.72%	64.51%
$l=-1$	15.57	15.07	69.01%	67.20%
$l=0$	18.61	17.83	76.80%	72.23%
$l=1$	15.90	15.21	68.47%	65.10%
$l=2$	15.33	14.95	69.80%	64.64%

3.4　末端加载振子天线的端射辐射器

与前两节天线设计不同，本节的设计将振子天线加载在人工表面等离激元传输线的末端，同时为了保证天线的增益效果，在振子天线前额外加载了超材料单元阵列。

人工表面等离激元传输线末端加载振子天线的结构设计如图 3.18 所示，其中蓝色部分为介质，黄色及橙色部分分别为介质上层及下层金属结构，介质基板依然采用 F4B，整体结构尺寸仅 113 mm×32 mm。本节中的人工表面等离激元传输线与 3.3 节中的一致，介质上层金属结构与下层金属结构褶皱开口相对放置，如图 3.18(b) 所示。人工表面等离激元模式的激励由最左端的微带传输线完成，微带传输线与人工表面等离激元传输线间过渡部分的单元槽深由 0.04 mm 变化至 1.2 mm。具体尺寸见表 3.5。

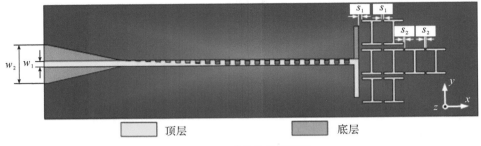

(a) 整体结构示意图

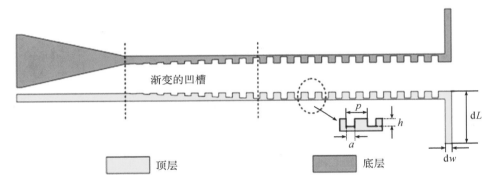

(b) 介质上层及下层金属结构示意图

图 3.18　末端加载阵子天线的端射天线结构示意图

表 3.5　结构具体参数 　（单位：mm）

w_1	w_2	p	a	h
1.5	10	2.5	1.2	1.2

　　振子天线的臂长与工作频率有关，在此以工作频率 6 GHz 为例，故振子天线的尺寸为 dL = 11 mm，dw = 1.2 mm。图 3.19 给出了末端加载振子天线后的仿真结果，其中红色线表示 xoy 平面的辐射方向图，黑色线表示 xoz 平面的辐射方向图。可以看到，此时的辐射性能较差，增益较低。为了提高天线增益，我们选择在振子天线前加上 I 形谐振器阵列。电磁波在两种介质分界面处折射情况如图 3.20 所示，图中的介质部分表示本设计中包含有 I 形谐振器单元的介质。根据折射定律，$n_1 \sin\theta_1 = n_2 \sin\theta_2$，在入射角 θ_1 不变的情况下，折射角 θ_2 随着折射率 n_1 的增加而增加，这样能量就会向端射的参考面汇聚，因此辐射增益可以得到一定程度的提高。在没有引入 I 形谐振器之前，相当于图中的介

质和空气部分折射率相同，则电磁波会直接穿过而没有任何偏折，这样得到的波束具有较宽的宽度，导致天线具有较差的定向性。随着介质部分的折射率逐渐增大，出射波逐渐向中间偏折。也就是说，xoz 平面的波会向 x 轴偏折，这样 xoz 平面内的波束宽度将大大减小，波束定向性和增益将得到提高。而 I 形谐振器的引入恰好可以增大介质的折射率。

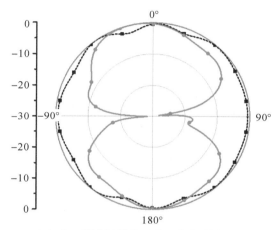

图 3.19　未加载 I 形谐振器阵列的天线辐射方向图仿真结果

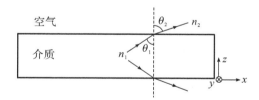

图 3.20　电磁波在两种介质分界面处折射情况示意图

添加了 I 形谐振器阵列的介质等效折射率可以根据仿真的 I 形谐振器单元的散射参数反演得出。反演公式如下[55]：

$$n = \frac{1}{k_0 d}\, \mathrm{arecos}\left[\frac{1}{2S_{11}}(1 - S_{11}^2 + S_{21}^2)\right] \tag{3.10}$$

其中，k_0 是自由空间入射波的波数，d 是单元结构的周期，n 即为所求的添加了 I 形谐振器阵列的介质等效折射率。根据仿真的散射参数即图 3.21 可以看出，当 I 形谐振器单元工作在谐振频率点时，传输系数非常小，可以认为 I 形谐振器阵列此时不能传播电磁波。所以，根据前面的分析，若要使增益增大，在设计 I 形谐振器的尺寸时，就要使 I 形谐振器的谐振频率点避开天线的工作频率，同时在天线的工作频率点得到的介质等效折射率越大越好。另外，反演得出的等效折射率图中的虚部表征了单元结构对电磁波的吸收，即虚部越大，则损耗越大，增益越小。因此，虚部尽量小也是设计 I 形谐振器单元尺寸时必须要考虑的因素。综上所述，最终选定的 I 形谐振器的尺寸为 $I_w = 0.6$ mm，$L_{s1} = 5$ mm，$L_{s2} = 5.5$ mm。

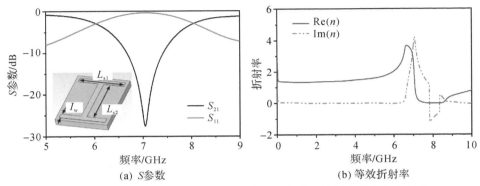

(a) S 参数   (b) 等效折射率

图 3.21 I 形谐振器单元的 S 参数及其由 S 参数反演得到的等效折射率

值得注意的是，该天线的工作机理与八木天线类似。八木天线可以看作是一种端射行波天线。由于引导器的存在，行波在自由空间中的相速度比光速小。因此，引导器可被视为支持慢波的阻抗表面。这种表现就像在高折射率介质中发生的。因此，八木天线的引导器和本设计中的 I 形谐振器阵列具有相同的作用。利用这两种方法均可实现天线的增益增强。

图 3.22 给出了加载 I 形谐振器阵列前后的电流分布图，从图中可以更加直观地展示结构中的能量分布。首先，从人工表面等离激元传输线部分的场图分布可以看出，人工表面等离激元模式已被成功激励。通过对比加载 I 形谐振器阵列前后的电流分布，可以很明显地看出 I 形谐振器阵列对电流分布及走向存在较大的影响。未加载 I 形谐振器阵列之前，端射方向的电流很弱，加载 I 形谐振器阵列之后，电流被引导至 I 形谐振器阵列部分，端射方向电流显著增强。因此，I 形谐振器阵列的引入完全改变了电流的分布情况，类似新的寄生单元耦合了能量后的二次辐射，从而使天线增益得到显著提高。当然，这样的增益提高也存在上限，即当 I 形谐振器单元数目增加到一定程度时，增益的提高不再明显，随之而来的问题还包括但不限于过大的尺寸和更高的成本。因此，在这种设计中，需权衡增益、尺寸、成本等多方面因素。本设计中使用 8 个 I 形谐振器，加载 I 形谐振器阵列前后的增益对比如图 3.23 所示，可以明显看出 I 形谐振器阵列的引入使增益提高了 5 dB。

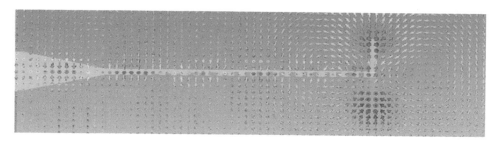

(a) 加载前的电流矢量分布

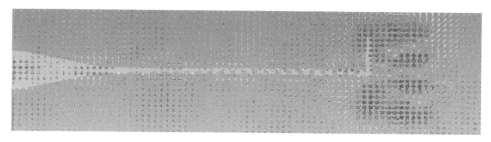

(b) 加载后的电流矢量分布

(c) 加载前的电流绝对值分布

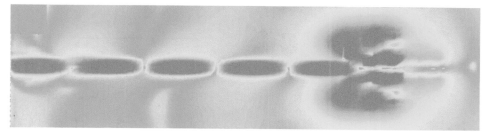

(d) 加载后的电流绝对值分布

图 3.22　仿真得到的加载 I 形谐振器阵列前后 6 GHz 时的电流分布图

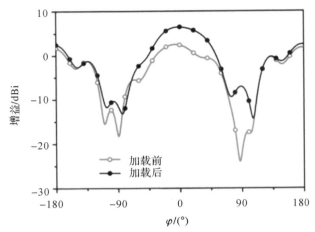

图 3.23   仿真得到的加载 I 形谐振器阵列前后 6 GHz 时的增益对比

为了验证所提出设计的正确性,天线的实物被加工成型用以测试。天线实物图如图 3.24(a)所示。反射系数测试结果如图 3.24(b)所示。由图 3.24(b)可知,测试结果和仿真结果基本一致,一些轻微的频率偏差主要是由于加工误差和阻抗不匹配造成的。I 形谐振器的加载对阻抗匹配几乎没有影响,因为 I 形谐振器单元结构的谐振频率在天线的工作频带之外。本设计以工作频率 6 GHz 为例,因此在 6 GHz 处反射系数小于−10 dB,意味着只有很少的能量被反射。

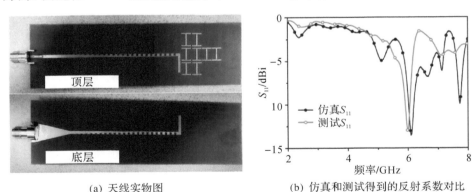

(a) 天线实物图   (b) 仿真和测试得到的反射系数对比

图 3.24   末端加载振子天线及 I 形谐振器阵列的端射天线实物图及其反射系数

为进一步验证该结构的辐射特性,图 3.25(a)给出了 6 GHz 时仿真和实验得到的辐射方向图。对比图 3.19 未加载 I 形谐振器阵列时的辐射方向图,可以明显看出天线的前后比性能有所提高。仿真和实验的增益对比如图 3.25(b)所示,最终结构的增益达到了 7 dBi。

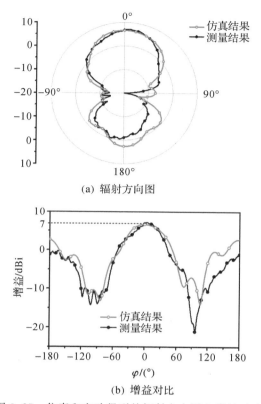

(a) 辐射方向图

(b) 增益对比

图 3.25　仿真和实验得到的辐射方向图和增益对比

3.5　末端加载缝隙单元的端射辐射器

　　除了引入额外的寄生结构将人工表面等离激元模式转换为辐射模式，还可以直接在人工表面等离激元传输线的单元结构之间引入缝隙作为寄生结构。这样的设计更加简洁，辐射效率也更高，因为在模式转换的过程中没有额外的转换步骤，也没有额外的结构引起额外的损耗。

　　在人工表面等离激元传输线的单元结构间引入缝隙作为寄生结构的设计如图 3.26 所示，蓝色部分为介质基板，黄色部分为金属（在仿真及后续测试中为铜）。介质基板仍然采用常用的 0.5 mm 厚的 F4B 板材，整体结构主要由三部分组成。第一部分（图 3.26 中标"Ⅰ"的部分）是常见的 H 形单元结构组成的人工表面等离激元传输线，电磁波可以被很好地束缚在该结构周围，H 形单元结构的具体参数影响了可传输电磁波的介质频率。在本设计中，单元结构的周期设置为 $p=4.68$ mm，凹槽的深度和宽度分别为 3 mm 和 1.5 mm。人工表面等离激元模式的激励可采取常用的共面波导完成，可参考 3.2 节和 3.3 节的结构。

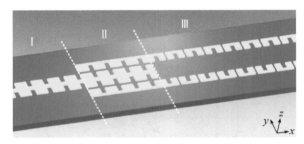

图 3.26 引入缝隙结构实现人工表面等离激元模式到辐射模式的转换示意图

在本设计中，引入的缝隙结构被加载在双线人工表面等离激元传输线的单元结构中，因此，电磁波需从上述第一部分的单线人工表面等离激元传输线耦合到双线人工表面等离激元传输线上，能量耦合部分即为本设计的第二部分（图 3.26 中标"Ⅱ"的部分）。已有文献证明，组成单线人工表面等离激元传输线和双线人工表面等离激元传输线的单元结构具有类似的色散特性，因此，能量可以无障碍地从单线人工表面等离激元传输线耦合到双线人工表面等离激元传输线。耦合强度受耦合部分长度和耦合部分结构间隙的影响，这些也决定了耦合部分的工作频率。因此，可以根据实际需求设计耦合部分。本设计中，耦合单元的数量设置为 4，双线人工表面等离激元传输线与单线人工表面等离激元传输线之间的间隙为 0.7 mm。如果需要将工作频率设计在其他频段，只需要改变这些参数即可（参数与工作频率之间的关系可参考文献[56]）。

为了进一步验证能量耦合过程，图 3.27 给出了耦合部分的电场分布。在图 3.27(a)中，沿单线人工表面等离激元传输线传播的电场被束缚在凹槽内，表明了人工表面等离激元模式固有的强束缚特性。在图 3.27(b)所示的耦合部分，电场分布未被打破，大部分能量耦合到双线人工表面等离激元传输线上，只有少部分能量有所分散。此外，由图 3.27(c)中的电场分布可以看出，在双线人工表面等离激元传输线上，电场分别被束缚在双线人工表面等离激元传输线的两条传输线中。该电场分布是完全对称的，这也意味着偶模人工表面等离激元被激励。值得注意的是，这里双线人工表面等离激元的单元结构未选用 H 形单元结构，主要是基于传输效率的考虑。H 形单元可以看作是两个背靠背叠加的 U 形单元。根据人工表面等离激元传输线的特点，电磁能量通常被束缚在凹槽内，即电磁波在 U 形单元的开口一侧传播，而在 U 形单元的封闭一侧不容易实现耦合，所以开口朝下的 U 形单元对于能量耦合来说已经足够。如果双线人工表面等离激元传输线的单元结构采用 H 形结构，H 形结构中开口朝上的 U 形结构不容易从开口朝下的 U 形结构耦合能量，则会造成不可避免的损耗。也就是说，这种耦合方法不适合对 H 形单元结构中的人工表面等离激元模式进行激励。

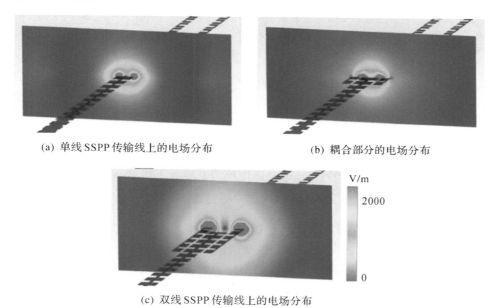

(a) 单线 SSPP 传输线上的电场分布　　　　　(b) 耦合部分的电场分布

(c) 双线 SSPP 传输线上的电场分布

图 3.27　10 GHz 处的电场分布图

　　辐射部分是本设计的重点，也是图 3.26 中所标的第三部分（图中标"Ⅲ"的部分）。为了说明引入了缝隙结构的单元结构的传输特性，对其频散曲线进行了仿真。图 3.28(a)直观地给出了人工表面等离激元传输线中电磁波与光的相速度之比。当电磁波在波导中的相速度大于光时，电磁波才可以辐射到自由空间，即在电磁波相速度与光速之比大于 1 的频率范围内，电磁波才有辐射的机会。值得注意的是，缝隙的宽度也会影响相速度，进而影响结构的传输特性。图 3.28(a)中的不同曲线即对应不同的缝隙宽度下传输线中电磁波相速度与光速的比值，同时也给出了不含缝隙的传统单元结构的情况。通过比较不难发现，辐射截止频率随着缝隙宽度的增加而增加。这里，选择缝隙宽度 $sl=0.5$ mm，以折中考虑辐射特性和结构尺寸。图 3.28(b)是曲线的一部分。从这张细节图中可以清楚地看出，辐射的截止频率约为 10.9 GHz。此外，如果相邻单元间没有缝隙，则比值始终低于 1，这意味着它是一个真正支持人工表面等离激元模式的慢波结构。结合前面提到的耦合结构的截止频率，可以预测本设计的工作频率范围为 7.6～10.9 GHz。

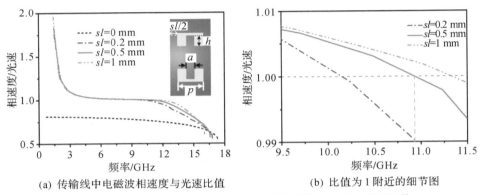

(a) 传输线中电磁波相速度与光速比值　　　　(b) 比值为 1 附近的细节图

图 3.28　不同缝隙宽度情况下传输线中电磁波相速度与光速比值

此外，由于引入缝隙结构，电磁波的辐射方向也可由下式预测[57]：

$$\theta = \arcsin\left(\frac{\beta(\omega)}{k_0}\right) = \arcsin\left(\frac{c/n_0}{V}\right) \tag{3.11}$$

其中，θ 为辐射角，n_0 为周围介质的折射率，V 为相速度，c 为光的速度。c 与 V 的比值可以从图 3.28(a) 中读出。传输线的等效折射率如图 3.29(a) 所示，可以根据文献[58]中使用的等效媒质理论计算得到。因此，辐射角也可以被预测。以 10 GHz 为例，由图 3.28(a) 可知，光速与相速度之比为 1.0052，而根据图 3.29(a) 提取的等效折射率为 1.9。因此，根据上述公式，10 GHz 处的辐射角应为 31.9°。其他频率下的辐射角也可以用类似的方法计算。在 8 GHz 时，光速度与相速度之比为 1.0114，而等效折射率为 1.66。经计算，辐射角应为 37.5°。同样，在 9 GHz 时，由于光速与相速度之比为 1.0086，等效折射率为 1.8，辐射角为 34°。图 3.29(b)～(d) 给出了 xoz 平面不同频率下的电场幅值分布，用于初步验证辐射特性。以上述三个频率为例，可以清楚地观察到电磁波向自由空间的辐射。图中还给出了仿真得到的辐射角与计算得到辐射角的比较。图中红线表示计算得到的辐射角，黑线表示仿真得到的辐射角。很明显，这两个角度之间几乎没有区别，验证了上述分析和设计的有效性。体积大、结构复杂一直是加载寄生结构的人工表面等离激元辐射器件的缺点。但在这种设计中，整个结构无须添加额外的结构，因此体积小巧，结构简单。

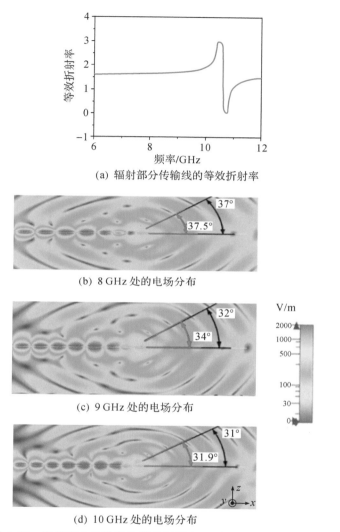

(a) 辐射部分传输线的等效折射率

(b) 8 GHz 处的电场分布

(c) 9 GHz 处的电场分布

(d) 10 GHz 处的电场分布

图 3.29　辐射部分传输线的等效折射率及不同频率处的电场分布

　　为验证上述理论分析,并进一步证明该设计的良好性能,对本设计也制作了实物并进行了测试。图 3.30(a)为实物照片,图 3.30(b)为通过矢量网络分析仪得到的仿真和测试的反射系数对比。实测结果与仿真结果吻合较好。值得注意的是,从 7.6 GHz 到 11 GHz,反射系数 $S_{11} < -10$ dB,基本和前面的理论预测频段一样,但仍存在一定偏差。实际上,仿真结果是在不考虑加工误差和机械误差的理想条件下得到的。不完美的焊接工艺和不够完善的阻抗匹配都

是反射系数变化的原因。因此，在测试结果中出现的微小误差是不可避免的。这些误差虽无法避免，但可以尽量减少。实测和仿真结果几乎相似的趋势和工作频率已经证明了该结构的良好性能。

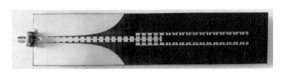

(a) 实物图

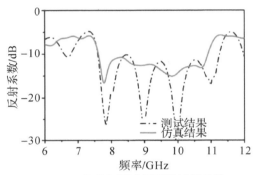

(b) 仿真和测试得到的反射系数

图 3.30   本设计的实物图与反射系数

图 3.31(a)和图 3.31(b)分别给出了仿真和测试的归一化辐射方向图。这里，将正 x 轴设为 0°，以直观地观察对称性辐射模式。由于本设计为单层结构，因此可以得到对称的辐射方向图。这种无地板结构是人工表面等离激元传输线引人注目的特点之一，没有金属地板的隔离十分有利于多层结构的设计。此外，当用于介质谐振器天线馈电或在共形环境下使用时，只有这种无金属地板的结构是合适的，否则就会影响介质谐振天线的辐射性能。如果想要得到单一波束，也可以在辐射结构下增加金属地面，设计十分灵活[59]。从图 3.31 中可以看出，在工作频率范围内，辐射角度相对稳定。测试得到的辐射角与理论值保持一致。表 3.6 给出了三个频率下的计算、仿真和测量结果的详细对比，以验证上述理论分析的正确性。有些偏差可能是由于等效折射率计算不准确造成的，结构的真实折射率受多个因素的影响，如相邻单元间的耦合、加工精度和真实环境的状态等。但在仿真中，只能通过理想条件下单元结构的结果来完成提取。此外，折射率和速度比的读取精度也很重要。虽然这些值很小，误差也很小，但它们对辐射的角度有显著影响。

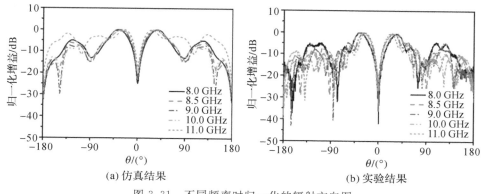

(a) 仿真结果　　　　　　　　　　(b) 实验结果

图 3.31　不同频率时归一化的辐射方向图

表 3.6　计算、仿真、测量得到的辐射角度对比

频率/GHz	计算辐射角/(°)	仿真辐射角/(°)	测量辐射角/(°)
8	37.5	37	36.7
9	34	32	31.7
10	31.9	31	30

图 3.32 给出了本设计中辐射器的增益和辐射效率。可以看出,增益平均可达 6.41 dBi,辐射效率约为 90%。介质损耗、导体损耗、从传统波导到 SSPP 波导的过渡损耗和返回损耗是造成功率损耗的主要原因。所有这些良好的性能表明,在没有任何额外结构的情况下,本设计成功地实现了从人工表面等离激元模式到辐射模式的转换。

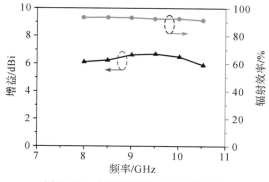

图 3.32　本设计的增益和辐射效率

本章参考文献

[1] 钟顺时. 微带天线理论与应用. 西安：西安电子科技大学出版社，1991.

[2] BROCKETT T，RAHMAT-SAMII Y. A novel portable bipolar near-field measurement system for millimeter-wave antennas：construction，development，and verification. Antennas & Propagation Magazine IEEE，2008，50 (5)：121 – 130.

[3] KUWAHARA Y，MATSUZAWA Y，KITAHARA H，et al. Phased array antenna with a multilayer substrate. IEEE Proceedings Microwaves Antennas and Propagation，1994，141 (4)：295 – 298.

[4] FENN A J. Evaluation of adaptive phased array antenna，far-field nulling performance in the near-field region. IEEE Transactions on Antennas & Propagation，1990，38 (2)：173 – 185.

[5] HILBURN J L，KINNEY R，EMMETT R，et al. Frequency-scanned X-band waveguide array. IEEE Transactions on Antennas & Propagation，1972，20 (4)：506 – 509.

[6] DANIELSEN M，JORGENSEN R. Frequency scanning microstrip antennas. IEEE Transactions on Antennas & Propagation，1979，27 (2)：146 – 150.

[7] LI Y，XUE Q，YUNG K N，LONG Y. A fixed-frequency beam-scanning microstrip leaky wave antenna array. IEEE Antennas & Wireless Propagation Letters，2008，6 (11)：616 – 618.

[8] CHIOU Y L，WU J W，HUANG J H，et al. Design of short microstrip leaky-wave antenna with suppressed back lobe and increased frequency scanning region. IEEE Transactions on Antennas & Propagation，2009，57 (10)：3329 – 3333.

[9] LI Y，XUE Q，YUNG K N，et al. Fixed-frequency dual-Beam scanning microstrip leaky wave antenna. IEEE Antennas & Wireless Propagation Letters，2007，6 (11)：443 – 446.

[10] KARMOKAR D K，ESSELLE K P，HEIMLICH M. A microstrip leaky-wave antenna loaded with digitally controlled interdigital capacitors for fixed-frequency beam scanning. Antennas and Propagation，2015：276 – 277.

[11]　KIM D J, LEE J H. Beam scanning leaky-wave slot antenna using balanced CRLH waveguide operating above the cutoff frequency. IEEE Transactions on Antennas & Propagation, 2013, 61 (5): 2432 - 2440.

[12]　ABIELMONA S, NGUYEN H V, CALOZ C. Analog direction of arrival estimation using an electronically-scanned CRLH leaky-wave antenna. IEEE Transactions on Antennas & Propagation, 2011, 59 (4): 1408 - 1412.

[13]　CALOZ C, ITOH T, RENNINGS A. CRLH metamaterial leaky-wave and resonant antennas. Antennas & Propagation Magazine IEEE, 2008, 50 (5): 25 - 39.

[14]　SIAGUSA R, PERRET E, LEMAITRE-AUGER P, et al. A tapered CRLH interdigital/stub leaky-wave antenna with minimized sidelobe levels. Antennas & Wireless Propagation Letters IEEE, 2012, 11: 1213 - 1217.

[15]　YASIN T, BAKTURR R. Circularly polarized meshed patch antenna for small satellite application. IEEE Antennas & Wireless Propagation Letters, 2013, 12 (12): 1057 - 1060.

[16]　YI H, QU S W, BAI X. Antenna array excited by spoof planar plasmonic waveguide. IEEE Antennas & Wireless Propagation Letters, 2014, 13 (6): 1227 - 1230.

[17]　KIANINEJAD A, CHEN Z N, QIU C W. Design and modeling of spoof surface plasmon modes-based microwave slow-wave transmission line. IEEE Transactions on Microwave Theory & Techniques, 2015, 63 (6): 1817 - 1825.

[18]　ALLEN L, BEIJERSBEGEN M W, SPEEUW R J, et al. Orbital angular momentum of light and the transformation of Laguerre-Gaussian laser modes Physical Review A Atomic Molecular & Optical Physics, 1992, 45 (11): 8185.

[19]　FRANKE-ARNOLD S, ALLEN L, PADGETT M. Advances in optical angular momentum. Laser & Photonics Reviews, 2008, 2 (2): 299 - 313.

[20]　GIER D G. A revolution in optical manipulation. Nature, 2003, 424 (6950): 810 - 816.

[21]　PADGETT M, BOWMAN R. Tweezers with a twist. Nature Photonics, 2011, 5 (6): 343 - 348.

[22] CURTIS J E, GRIE D G. Structure of optical vortices. Physical Review Letters, 2003, 90 (13): 133901.

[23] O'NEIL A T, MACVICAR I, ALLEN L, et al. Intrinsic and extrinsic nature of the orbital angular momentum of a light beam. Physical Review Letters, 2002, 88 (5): 053601.

[24] CHEN M, MAZILU M, ARITA Y, et al. Dynamics of microparticles trapped in a perfect vortex beam. Optics Letters, 2013, 38 (22): 4919 − 4922.

[25] SKAKA V, ALEKSIC N B, BEEZHIANI V I. Evolution of singular optical pulses towards vortex solitons and filamentation in air. Physics Letters A, 2003, 319 (3 − 4): 317 − 324.

[26] BRETSCHNEIDER S, EGGELING C, HELL S W. Breaking the diffraction barrier in fluorescence microscopy by optical shelving. Physical Review Letters, 2007, 98 (21): 218103.

[27] MAIR A, VAZII A, WEIHS G, ZEILINGER A. Entanglement of the orbital angular momentum states of photons. Nature, 2002, 412 (6844): 313.

[28] FICKLER R, LAPKIEWICZ R, PLICK W N, et al. Quantum Entanglement of Very High Angular Momenta. Science, 2012, 338 (6107): 640 − 643.

[29] ZHAI C, TAN L, YU S, MA J. Fiber coupling efficiency for a Gaussian-beam wave propagating through non-Kolmogorov turbulence. Optics Express, 2015, 23 (12): 15242 − 15255.

[30] OEMRAWSINGH S S, AIELLO A, ELIEL E R, et al. How to observe high-dimensional two-photon entanglement with only two detectors. Physical Review Letters, 2004, 92 (21): 217901.

[31] OEMRAWSINGH S S, MA X, VOIGT D, AIELLO A, et al. Experimental demonstration of fractional orbital angular momentum entanglement of two photons. Physical Review Letters, 2005, 95 (24): 240501.

[32] DUTTON Z, RUOSTEKOSKI J. Transfer and storage of vortex states in light and matter waves. Physical Review Letters, 2004, 93 (19): 193602.

[33] THIDE B, THEN H, SJOHOLM J, et al. Utilization of photon orbital angular momentum in the low-frequency radio domain. Physical Review

Letters, 2009, 99 (8): 087701.

[34] TAMBURINI F, MARI E, SPONSELLI A, et al. Encoding many channels on the same frequency through radio vorticity: first experimental test. New Journal of Physics, 2012, 14 (3): 033001.

[35] YAN Y, XIE G, LAVERY M P J, et al. High-capacity millimetre-wave communications with orbital angular momentum multiplexing. Nature Communications, 2014, 5, 4876.

[36] BRASSELET E, MALINAUSKAS M, ZUKAUSKAS A, et al. Photopolymerized microscopic vortex beam generators: Precise delivery of optical orbital angular momentum. Applied Physics Letters, 2010, 97 (21): 910.

[37] TURNBULL G A, ROBERTSON D A, SMITH G M, et al. The generation of free-space Laguerre-Gaussian modes at millimetre-wave frequencies by use of a spiral phaseplate. Optics Communications, 1996, 127 (4-6): 183-188.

[38] SCHEMMEL P, MACCALLI S, PISANO G, et al. Three-dimensional measurements of a millimeter wave orbital angular momentum vortex. Optics Letters, 2014, 39 (3): 626-629.

[39] CHAO Z, LU M. Millimetre wave with rotational orbital angular momentum. Sci Rep, 2016, 6: 31921.

[40] TENNANT A, ALLEN B. Generation of OAM radio waves using circular time-switched array antenna. Electronics Letters, 2012, 48 (21): 1365-1366.

[41] BAI Q, TENNANT A, ALLEN B. Experimental circular phased array for generating OAM radio beams. Electronics Letters, 2014, 50 (20): 1413-1415.

[42] GAO X, HUANG S, SONG Y, et al. Generating the orbital angular momentum of radio frequency signals using optical-true-time-delay unit based on optical spectrum processor. Optics Letters, 2014, 39 (9): 2652-2655.

[43] GUO Z G, YANG G M. Radial uniform circular antenna array for dual-mode OAM communication. IEEE Antennas and wireless Propagation Letters, 2017, 16: 404-407.

[44] LIU K, LIU H, QIN Y, et al. Generation of OAM beams using

phased array in the microwave band. IEEE Transactions on Antennas & Propagation，2016，64（9）：3850－3857.

[45] YANG Y，WANG W，MOITRA P，et al. Dielectric meta-reflectarray for broadband linear polarization conversion and optical vortex generation. Nano Letters，2014，14（3）：1393－1399.

[46] WANG W，LI Y，GUO Z，et al. Ultra-thin optical vortex phase plate based on the metasurface and the angular momentum transformation. Journal of Optics，2015，17（4）：045102.

[47] SUN J，WANG X，XU T，et al. Spinning light on the nanoscale. Nano Letters，2014，14（5）：2726－2729.

[48] CHENG L. Generation of electromagnetic waves with arbitrary orbital angular momentum modes. Scientific Reports，2014，4：4814.

[49] KARIMI E，SCHULZ S A，LEON I D，et al. Generating optical orbital angular momentum at visible wavelengths using a plasmonic metasurface. Light Science & Applications，2014，3（5）：e167.

[50] GAMBINI F，VELHA P，OTON C，et al. Orbital Angular momentum generation with ultra-compact bragg-assisted silicon microrings. IEEE photonics Technology Letters，2016，28（21）2355－2358.

[51] CAI X，WANG J，STRAIN M J，et al. Integrated compact optical vortex beam emitters. Science，2012，338（6105）：363－366.

[52] LI R，ENG X，ZHANG D，et al. Radially polarized orbital angular momentum beam emitter based on shallow-ridge silicon microring cavity. IEEE Photonics Journal，2014，6（3）：1－10.

[53] CHEN Y，ZHENG S，CHI H，et al. Orbital angular momentum mode multiplexing with half-mode substrate integrated waveguide antenna. European Radar Conference，2015：377－380.

[54] BAI C P，JIE Z，ZHEN L，et al. Multi-layer topological transmissions of spoof surface plasmon polaritons. Scientific Reports，2016，6：22702.

[55] SMITH D R，VIER D C，KOSCHNY T，et al. Electromagnetic parameter retrieval from inhomogeneous metamaterials. Physical Review E，2005，71（3）：036617.

[56] YIN J Y，REN J，ZHANG H C，et al. Broadband frequency-selective spoof surface plasmon polaritons on ultrathin metallic structure.

Scientific Reports，2015，5(1)：8165.

[57]　XU J J，JIANG X，ZHANG H C，et al. Diffraction radiation based on an anti-symmetry structure of spoof surface-plasmon waveguide. Applied Physics Letters，2017，110 (2)：021118.

[58]　YIN J Y，BAO D，REN J，et al. Endfire radiations of spoof surface plasmon polaritons. IEEE Antennas and Wireless Propagation Letters，2017，16：597－600.

[59]　GUAN D F，ZHANG Q，YOU P，et al. Scanning rate enhancement of leaky-wave antennas using slow-wave substrate integrated waveguide structure. IEEE Transactions on Antennas and Propagation，2018，66 (7)：3747－3751.

第4章 相位反转结构对人工表面等离激元模式的作用

4.1 引　　言

　　加载相位反转结构实现电磁波辐射的技术手段已较为广泛地应用于漏波天线的设计中，但在人工表面等离激元天线设计中应用还不多。本章主要介绍相位反转结构对于人工表面等离激元模式转换的作用，并以一种天线为例介绍其应用。

4.2　加载相位反转结构的人工表面等离激元辐射器

4.2.1　相位反转结构对人工表面等离激元模式的作用分析

　　当在慢波传输结构中引入周期性扰动时，会形成周期性的口面场分布，进而在传输模式中产生高次谐波分量。这些高次谐波分量仅有某一分量会形成辐射，大部分谐波分量一旦离开传输结构表面就会迅速衰减，或以束缚模式存在于传输波导结构表面附近而最终无法到达远场。只有满足周期结构辐射条件的单谐波（也称为单模）会形成漏波辐射，并且波束扫描方向能覆盖整个上半空间。

　　若导波系统的截面形状、尺寸和材料沿传播方向不变，即边界条件沿这一方向是均匀的，则这样的系统称为均匀导波系统。周期导波结构在过去的几十年里一直是电磁学领域的研究热点并已被广泛应用于许多微波元器件中，在结构尺寸、电磁性能等方面都展示了其特有的性能。周期导波系统的特点是，把一个无穷长的周期导波系统沿传播方向移动空间周期的整数倍距离后，结构的电磁特性不发生变化。因此，在稳态简谐状态下，周期导波系统沿传播方向相距为空间周期 P 的 m 加倍的两个截面上，$\Delta z = mP$，m 为整数，场沿横截面的分布函数相同，只是相差一个指数项 e^{-rmP}，这也是前面提到过的 Floquet 定理。因本章主要分析周期性扰动对于产生空间谐波的作用，故这里再次对 Floquet 定理的相应情况进行分析。两截面上场的关系为

$$E(x, y, z, t) = E(x, y, z)\mathrm{e}^{-rmP} \tag{4.1}$$

其中，$r = \alpha_0 + \mathrm{j}\beta_0$ 为传播系数，α_0 为衰减常数，β_0 为相位因子。

在无耗周期波导系统中，显然 $\alpha_0 = 0$，这样场可以表示为

$$E(x, y, z, t) = E^P(x, y, z)\mathrm{e}^{-\mathrm{j}\beta_0 z} \tag{4.2}$$

其中，$E^P(x, y, z)$ 为场幅度，显然 $E^P(x, y, z+mP) = E^P(x, y, z)$。

对于周期导波系统[1-3]，若 $E^P(x, y, z)$ 是 z 的周期函数，其周期为 P，则可将它展开成一傅里叶级数：

$$E^P(x, y, z) = \sum_{n=-\infty}^{\infty} E_m(x, y)\mathrm{e}^{\mathrm{j}\frac{2\pi m}{P}z} \tag{4.3}$$

根据正交性原理，可求出级数的系数 $E_m(x, y)$，将上式两端乘以 $\mathrm{e}^{\mathrm{j}2\pi mz/P}$，并从 $z-P/2$ 到 $z+P/2$ 积分，可得：

$$\int_{z-P/2}^{z+P/2} \sum_{n=-\infty}^{\infty} E_m(x, y)\mathrm{e}^{\mathrm{j}\frac{2\pi m}{P}z}\mathrm{d}z = \sum_{n=-\infty}^{\infty} \int_{z-P/2}^{z+P/2} E_m(x, y)\mathrm{e}^{\mathrm{j}\frac{2\pi(m-n)}{P}z}\mathrm{d}z \tag{4.4}$$

由正交性原理，有

$$\int_{z-P/2}^{z+P/2} \mathrm{e}^{\mathrm{j}\frac{2\pi(m-n)}{P}z}\mathrm{d}z = \begin{cases} 0 & m \neq n \\ P & m = n \end{cases} \tag{4.5}$$

因此，有

$$\begin{aligned} E_m(x, y) &= \frac{1}{P}\int_{z-P/2}^{z+P/2} E^P(x, y, z)\mathrm{e}^{\mathrm{j}\frac{2\pi m}{P}z}\mathrm{d}z \\ &= \frac{1}{P}\int_{z-P/2}^{z+P/2} (E^P(x, y, z)\mathrm{e}^{-\mathrm{j}\beta_0}]\mathrm{e}^{\mathrm{j}(\beta_0+\frac{2\pi m}{P})z}\mathrm{d}z \\ &= \frac{1}{P}\int_{z-P/2}^{z+P/2} E(x, y, z)\mathrm{e}^{\mathrm{j}(\beta_0+\frac{2\pi m}{P})z}\mathrm{d}z \\ &= \frac{1}{P}\int_{z-P/2}^{z+P/2} E(x, y, z)\mathrm{e}^{\mathrm{j}\beta_m z}\mathrm{d}z \end{aligned} \tag{4.6}$$

其中，$\beta_m = \beta_0 + 2\pi m/P$，$E_m(x, y)$ 即为空间谐波场，m 表示空间谐波的次数，

当 $m = 0$ 时，$E_0(x, y)$ 成为基波。

式(4.6)就是空间谐波和场的傅里叶变换关系，由以上分析可以判断，场可以分解成一系列的空间等幅 $E_m(x, y)$ 的简谐行波之和，相位因子为 $\beta_m = \beta_0 + 2\pi m/P$。每一等幅的简谐行波称为一个空间谐波，$m$ 为 $-\infty \sim +\infty$ 的整数。并且，由相速度的定义可知，各次空间谐波的相速各不相同，即

$$v_{Pm} = \frac{\omega}{\beta_m} = \frac{\omega}{\beta_0 + \dfrac{2\pi m}{P}} \tag{4.7}$$

显然，空间谐波的相速随着 m 的增加而减小。由于各次空间谐波的相速不同，在传播过程中各个空间谐波之间的相位关系将会不断变化，由所有空间谐波叠加而成的非简谐谐振波在传播过程中会发生相位畸变，振幅随传播方向呈周期性变化，即波形不断变化。

而由群速的定义可得 m 次空间谐波的群速：

$$v_{gm} = \frac{\mathrm{d}\omega}{\mathrm{d}\beta_m} = \frac{\mathrm{d}\omega}{\mathrm{d}\left(\beta_0 + \dfrac{2\pi m}{P}\right)} = \frac{\mathrm{d}\omega}{\mathrm{d}\beta_0} = v_{g0} \tag{4.8}$$

可见，所有空间谐波都有相同的群速，它们以相同的信号速度传播，但相速度不同，有时相速度会出现负值，即出现相速和群速方向相反的情况。各次空间谐波是一个整体，它是一个无穷集，所有这些空间谐波必须同时出现，这样它们的特定的组成在整体上能够满足周期边界条件。当带电粒子的速度或其他某种波的相速与某一个空间谐波的相速相等时，这时它们之间会持续地发生相互作用，交换能量，其作用的有效程度取决于该空间谐波的场强，但作用的结果是增强或减弱系统中的总场，即各次空间谐波的场。

当周期性扰动为相位反转结构时，双线传输线示意图如图 4.1 所示。设周期性交替的具有相反相位的结构长度为 $T/2$，相互错开距离为 g，由匹配短截线连接。双线传输线间的耦合系数取决于线段间的水平距离(g)，两种结构可以近似地等效成两个不同的特征阻抗段，如图 4.2 所示的 Z_{01} 和 Z_{02}，这使得波导中出现了结构的不连续性，这样的不连续性会导致波在传输过程中形成泄漏。匹配短截线的长度通常选择工作波长的四分之一，这样能够在两个相邻的传输线段间很好地形成阻抗变换，抑制局部阻抗不连续而造成的反射。传统周期性结构天线由于布拉格谐振效应而在侧向存在禁带，难以实现侧向辐射。因此，当采用四分之一波长阻抗变换结构时，能够有效地抑制漏波辐射中的"开阻带"效应，使辐射角度在上半空间内连续[4-5]。

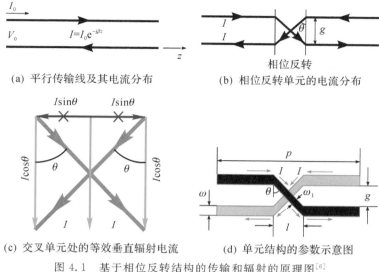

(a) 平行传输线及其电流分布　　　　　(b) 相位反转单元的电流分布

(c) 交叉单元处的等效垂直辐射电流　　(d) 单元结构的参数示意图

图 4.1　基于相位反转结构的传输和辐射的原理图[6]

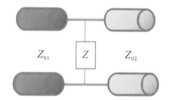

图 4.2　一个周期反转单元对应的等效特征阻抗

　　为了研究该模型的色散特性，我们首先研究波导在未引入周期相位反转结构时的色散特性。由于拓扑结构具有周期的相似性，因此我们以上、下两个凹槽反向对称作为一个单元，采用 CST 软件的本征模求解器在周期性边界条件下仿真单元的色散曲线。单元结构的色散曲线如图 4.3 所示，g 的变化范围为 $0 \sim 6$ mm。此时凹槽单元的宽度 $d = 1.5$ mm。其中，黑色线性实线为光线对应的色散关系。通过改变距离 g，可以调节结构单元的色散特性及截止频率。可以看出，该平行的双层凹槽单元具有趋于某一频率截止的慢波色散特性。这种特性使得结构上、下层金属间具有较强的电磁耦合，相比于传统的微带线或单层凹槽结构具有更高的束缚性。并且，对应于不同的 g，平行凹槽的色散曲线都位于第一布里渊辐射区域外，结构本身是一种非辐射的模式。这时，传输线是一个由单元沿着金属条带延伸方向拓扑排列的人工表面等离激元波导结构，它是一种束缚的导波（无辐射）结构。

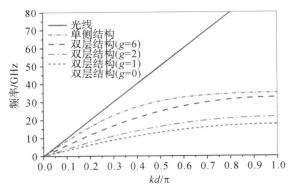

图 4.3　双层金属条带的上、下层间横向间距对应于不同 g 的色散关系曲线

同时，从图 4.3 中可以看出，色散曲线对于沿 y 轴方向上、下层间的偏移量 g 的变化非常敏感。随着偏移量 g 的增加，色散曲线的截止频率会逐渐提高，但仍呈现慢波特性，并且所有的色散曲线都通过坐标原点 $(k_0 = \beta = 0)$。图中的黑色实线是自由空间中的色散曲线，即 $k_0 = w(\varepsilon_0 \mu_0)^{1/2}$，其中心为自由空间波数。当上、下层间的偏移量 g 对应的变化范围为 $0 \sim 6$ mm 时，对应的色散曲线将逐渐靠近自由空间中的光线。不难注意到，双线结构对应的单元色散曲线较单层结构更加偏离于光线。这表明，双线条带靠得越近，它们之间的耦合就越强，对应的波导的束缚会更加紧密。这也可以从局域在波导结构周围的电场增强得出。

为了能够更清晰地说明引入周期结构后的色散特性，这里采用如图 4.4 所示的布里渊图来进行色散特性分析。布里渊图又可称为 $k\text{-}\beta$ 图或 $w\text{-}\beta$ 图，它描述的是系统传播特性随频率变化的色散特性，其中包含了相速和群速的信息，有助于分析系统的通带、阻带等特性。当在波导中引入相位反转结构后，使双线结构的人工表面等离激元传输线具有周期特性，整个导波结构变成以长度 T 为周期的新结构。当在此结构中引入相位反转结构后，会破坏波导周围的边界条件。在这种情况下，引入相位反转结构将会产生周期的调制电场，在扰动处会激励起高次谐波分量。根据 Bloch-Floquent 定理，周期调制会生成高次谐波，其中第 n 次谐波的色散关系 β_n 满足：

$$\beta_n(\omega) = \pm \left[\beta_0(\omega) + \frac{2\pi n}{P} \right], \ n = 0, \pm 1, \pm 2, \cdots \tag{4.9}$$

其中，β_0 是 $n = 0$ 次的空间谐波所对应的色散曲线，P 为一个周期的长度。β_n 是以 2π 为周期的色散曲线的重复。从周期谐波的色散特性分析中可知，第 n 次色散曲线是将第一布里渊区的色散曲线简单地向右平移 n 个 2π。因此，利用平移技巧，比较容易得到整个周期结构的近似色散关系。并且，由于相邻单元间的相位反转，从辐射场合成的角度来看，相当于在单元间引入了 180° 的相位差，使得整个色散曲线频谱沿水平方向向右平移 180°。在图 4.4 中，灰色区域对应着快波（辐射）的区域，黄色实线和绿色实线分别对应 $n = 0$ 和 $n = -1$ 次色散曲线，而红色虚线由 $n = -1$ 色散曲线向右水平平移 180° 得到。黑色线性实线为光线的色散曲线，夹在两条黑色实线间的阴影区域为辐射区域。经过该区域中的色散曲线满足辐射条件，属于快波辐射。$n = -1$ 次色散曲线是 $n = 0$ 次色散曲线根据方程 (4.9) 求得的。由于相位反转结构，结构单元的色散曲线（虚线）对应的曲线表示将 -1 次曲线向左平移一个相位 π。同时，它与由角度方程所计算出来的三角形点所拟合的曲线几乎吻合。图中的 A、B、C 分别为与图中光线的色散线和垂直坐标的交点，此时 d 为一个相位反转周期单元的长度。这时，可以从图 4.4 中看到，$n = -1$ 次空间谐波对应的色散曲线位于第一布里渊区域及双层波导的截止频率（$f = 17.2\text{ GHz}$）以下区域，因此该次谐波分量对应的色散曲线将有部分频率产生辐射。并且，通过单元改变上、下层间的横向间距 g 的尺寸，能够有效地调节形成辐射模式的工作频带及辐射角度。

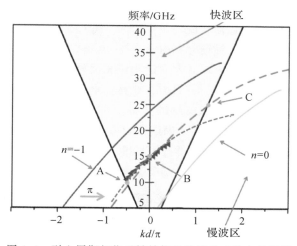

图 4.4　引入周期相位反转结构后波导对应的布里渊图

4.2.2　结构设计及辐射特性分析

图 4.5 所示为引入周期相位反转结构的波导三维图及其截面示意图，其中，a 为凹槽的宽度，h 为凹槽的深度，P 为凹槽单元的周期宽度，g 为上、下层条带中心的距离，右下插图为加工实物对应的单元结构。

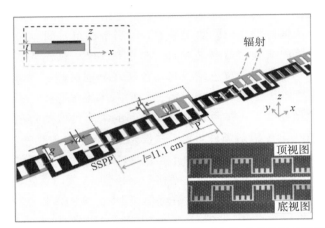

图 4.5　本设计的三维结构示意图及加工实物对应的单元结构

在文献[7]中提出的双层波导结构中,当引入相位反转结构后[6,8],整个结构转换成一个周期的不连续性结构(如图 4.5 所示),可以被看作是由多个平行的传输线段串联连接构成的。在该结构中对应两个平行段的 g 值分别取为 $g=0$ mm 和 $g=6$ mm。

为了能够更清晰地描述模式的转换,我们仿真了横截面的电场矢量分布。除了要考虑引入周期结构对波导场分布的影响外,层间的耦合也会对辐射场的分布产生影响。通过比较双层波导未引入周期相位相反转结构时[见图 4.6(a)]和引入周期相位相反转结构后[见图 4.6(b)]的横截面电场矢量,可以发现:在双层波导未引入相位反转结构时,电场矢量的分布主要集中在波导的上、下金属层之间,场局限在金属凹槽周围;当引入周期性相位反转结构时,电场矢量的分布已经不再局限在金属凹槽结构周围,并逐渐扩散到周围空间中。并且,沿 y 方向的电场分量增强,因此产生的辐射场的场矢量方向为 y 方向。

(a) $g=0$ 时,电场矢量分布图　　(b) $g=6$ mm 时,电场矢量分布图

图 4.6　上、下层金属间的横向距离 g 不同时在剖面处的电场矢量分布图

　　为了进一步揭示本书所设计结构的辐射特性,图 4.7 和图 4.8 给出了引入周期反转结构后的近场仿真图。选取平行于传播方向的横截面(即 x-y 平面)观察电场分布,图 4.8(a)～(d)分别对应于频率为 12 GHz、12.7 GHz、15.2 GHz 和15.8 GHz 时结构中电场的模值。从图中可以看到,波导两侧的辐射场没有相位差,即辐射关于结构的中心对称。辐射的近场分布非常类似于切伦科夫辐射尾迹场,辐射的运动轨迹会在传播方向后方呈锥角分布,这是波在传播过程中相互干涉叠加形成的尾迹。从图中可以看到,辐射波束的偏转方向满足方程$\theta_{\mathrm{c}}(\omega) = \arcsin[c/(nv_{\mathrm{p}})] = \arcsin[c\beta(\omega)/\omega]$,随着频率的改变,波束的空间扫描角度也随之改变,波束角度在空间中从后向至前向发生偏转。

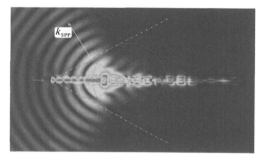

图 4.7　切伦科夫辐射尾迹示意图

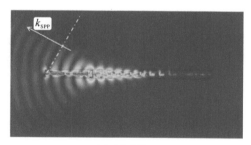

(a) 12 GHz

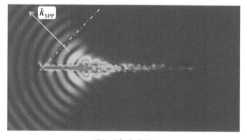

(b) 12.7 GHz

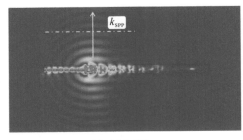 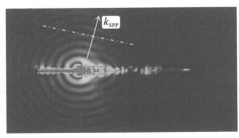

(c) 15.2 GHz　　　　　　　　　(d) 15.8 GHz

图 4.8　在所选取辐射段的观察点观察 xoy 平面上的近场电场图

从近场仿真图中，也可以看出结构上对应于模式变化的过程。首先，将由端口馈入的导波模式转换为人工表面等离激元的传输模式；然后，当电磁波传输到相位反转周期结构时，在结构突变处激励起高次模形成定向辐射。导波的馈入模式为 TEM 模式，而人工表面等离激元波导结构所支持的模式是 TM 模式。因此，需要在端口和相位反转的凹槽结构之间增加一段模式匹配结构，本设计中采用渐变凹槽的过渡段结构。整个辐射装置由 10 个相位反转单元组成，包括过渡结构及连接线，整个结构的总长度为 190 mm。图 4.9 给出了加工的实物模型，其中介质板厚度 $t = 0.17$ mm，介电常数为 2.65。并且，凹槽宽度 $a = 0.6$ mm，凹槽深度 $h = 1.2$ mm，凹槽单元的周期宽度 $p = 1.5$ mm，连接金属条带宽度 $d = 0.45$ mm。

(a) 上层

(b) 下层

图 4.9　引入周期反转结构后的双层波导结构的加工实物图

图 4.10(a)～(d) 分别给了所设计结构的端口实测结果和实测的近场电场分布。图中的 1～4 分别对应于频率 12 GHz、12.7 GHz、15.2 GHz 和 15.8 GHz。从测试结果来看，近场分布基本与仿真结果相吻合。从图 4.10(a) 中还可以看到，在 12～16.2 GHz 较宽一段的工作频率范围内，输入端口的反射系数 S_{11} 小于 -10 dB，端口 1 到端口 2 的传输系数 S_{21} 小于 -30 dB。这表明该装置的在频带范围内端口阻抗匹配较好，电磁波从 1 端口传输到 2 端口的能量较少，绝大部分能

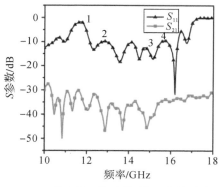

(a) 输入端口的反射系数和传输系数图

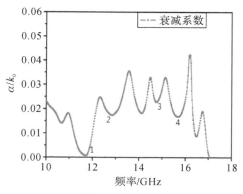

(b) 通过测量的 S 参数求得的泄漏因子图

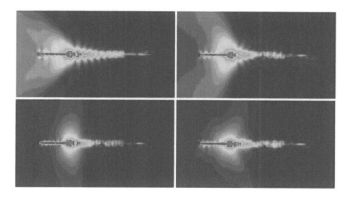

(c) 仿真的近场分布

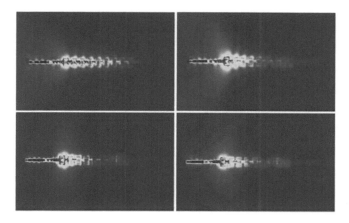

(d) 实测的近场分布

图 4.10　输入端口的 S 参数、求得的泄漏因子图及仿真与实测近场分布对比

量被辐射出去。在不考虑介质损耗和金属损耗的情况下，该装置的整体效率将大于 90%。同时，15.2 GHz 附近的反射系数和传输系数与工作频带内的 S 参数保持一致，这说明"开阻带"被有效地抑制（图 4.4 中的 B 点，15.2 GHz）。图 4.10(b) 给出了通过 S 参数提取求得口径场的带内衰减系数，口径场的分布（定向性）主要由衰减系数（$\alpha = -[\ln(|S_{11}|^2 + |S_{21}|^2)]/2L$）决定。

　　在进行色散特性分析时，已经得到了关于辐射角度与频率及色散特性的关系，因此可以通过改变色散特性来实现波束的偏转调控。图 4.11、图 4.12 给出了远场的仿真方向图，从图中可以看到，频率在 12~15.5 GHz 区间变化时，对应的主波束角度将会随着频率变化在空间中从后向至前向偏转。波束的偏转角度可用切伦科夫辐射角度计算。

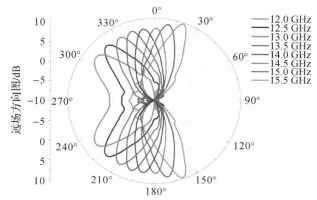

图 4.11　引入周期相位反转结构后波导的仿真二维远场方向图（$\varphi = 0°$）

　　从数值计算结果可以看出，波束指向随着频率的改变能够在俯仰面实现 $-20° \sim 50°$ 的偏转效果，通过引入相位反转结构可以有效地对波前相位进行调控，并且引入周期结构可实现人工表面等离激元模式与自由空间波之间的直接转换。传统周期结构的漏波天线由于布拉格谐振效应而在侧向存在禁带，难以实现侧向辐射。而该结构由于采用了阻抗匹配过渡，有效地抑制了传统周期漏波结构中存在的"开阻带"效应，改善了天线在法向（Broadside）方向的辐射效率。通过主瓣扫描角度来计算出的色散曲线与平移的色散曲线非常近似，具有相似的斜率值，如图 4.12 所示。

　　对于前面提到的切伦科夫辐射，在本设计中可采用衍射辐射的概念来解释其特性。当带电粒子在 x 轴上以恒定速度 v 移动时，会产生等效的电流密度：

$$\boldsymbol{J}_P(x, y, z, t) = \hat{x}qv\frac{\delta(\rho)}{2\pi\rho}\delta(x - vt) \tag{4.10}$$

其中，ρ 表示 x-y 平面的径向尺寸，δ 是狄拉克函数，t 表示时间。通过傅里叶变换可以得到电流在频域的表达式：

$$\boldsymbol{J}_P(x, y, z, \omega) = \hat{x} q \frac{\delta(\rho)}{4\pi^2 \rho} \mathrm{e}^{\mathrm{i}k_x x} \tag{4.11}$$

其中，ω 表示频率，$k_x = \omega/v$ 是沿 x 轴的波矢。

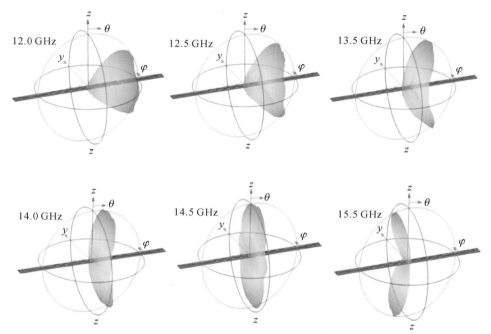

图 4.12　引入周期相位反转结构后波导的仿真三维远场方向图

采用图 4.13 中所示的偶极子阵来建模引入周期相位反转的波导结构。假设每个偶极子上的电流幅度为 I，并且排列周期为 l，每个相邻单元间的相移为 $k_x l$。偶极子阵列的电流密度可以看作是所有偶极子的电流密度之和：

$$\boldsymbol{J}_P(x, y, z, t) = \hat{x}\, \frac{Il\delta(\rho)}{2\pi\rho} \sum_{n=-\infty}^{\infty} \delta(x-nl)\, \mathrm{e}^{\mathrm{i}n k_x l - \mathrm{i}\omega_0 t}$$

$$= \hat{x}\, \frac{I\delta(\omega-\omega_0)}{2\pi\rho} \delta(\rho)\, \mathrm{e}^{\mathrm{i}k_x x} \tag{4.12}$$

因此，辐射机制可以通过严格的色散分析得到。切伦科夫的辐射角度满足方程：

$$\theta_c(\omega) = \arcsin\left[\frac{c}{n v_p}\right] = \arcsin\left[\frac{c\beta(\omega)}{\omega}\right], \quad k_x = \beta(\omega) - \mathrm{j}\alpha \tag{4.13}$$

其中 v_p 是介质中的波速，并且 $\beta(\omega)$ 是相应的相位常数。$\beta(\omega)$ 可以通过测量波束的空间角度来计算。图 4.4 中的 A 点和 C 点分别为色散曲线与第一布里渊区域光线的交点，对应着空间波束随着频率的变化能够覆盖从 $-90°$ 至 $+90°$ 的扫描角度，因此该结构能够实现一个大角度的空间波束扫描。图中的蓝色虚线表示通过切伦科夫角度方程（4.13）提取得到的色散曲线，红色的虚线表示（-1 次）模对应的色散曲线向左平移 π 得到的色散曲线。从图中可以看出，两个曲线具有近似的斜率分布和 β/k_0 随频率的变化规律。本设计中的辐射角度也可利用式（4.14）计算得到。

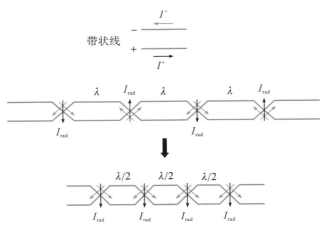

图 4.13　反转对称的周期结构所产生的同相或反相的辐射电流 I_{rad}，通过叠加形成远场辐射[8]

本章参考文献

[1]　KOSTIN V A，VVEDENSKII N V. Dc to ac field conversion due to leaky-wave excitation in a plasma slab behind an ionization front. New Journal of Physics，2015，17（3）：33029 - 33047.

[2]　OTTO S，RENNINGS A，SOLBACH K，et al. Transmission line modeling and asymptotic formulas for periodic leaky-wave antennas scanning through broadside. IEEE Transactions on Antennas & Propagation，2011，59（10）：3695 - 3700.

[3]　KAASBJERG K，NITZAN A. Theory of light emission from quantum noise in plasmonic contacts：above-threshold emission from higher-order electron-plasmon scattering. Physical Review Letters，2015，114

(12)：126803.

[4]　WILLIAMS T J，BACCARELLI P，PAULOTTO S，et al. 1-D combline leaky-wave antenna with the open-stopband suppressed：design considerations and comparisons with Measurements. IEEE Transactions on Antennas & Propagation，2013，61（9）：4484－4492.

[5]　OTTO S，AL-BASSAM A，RENNINGS A，et al. Transversal asymmetry in periodic leaky-wave antennas for bloch impedance and radiation efficiency equalization through broadside. IEEE Transactions on Antennas & Propagation，2014，62（10）：5037－5054.

[6]　YANG N，CALOZ C，WU K. Full-space scanning periodic phase-reversal leaky-wave antenna. IEEE Transactions on Microwave Theory & Techniques，2010，58（10）：2619－2632.

[7]　ZHANG H C，LIU S，SEN X，et al. Broadband amplification of spoof surface plasmon polaritons at microwave frequencies. Laser & Photonics Reviews，2015，9（1）：83－90.

[8]　MA Z L，JIANG L J，GUPTA S，et al. Dispersion characteristics analysis of one dimensional multiple periodic structures and their applications to antennas. IEEE Transactions on Antennas & Propagation，2014，63，（1）：113－121.

第 5 章　阻抗调制对人工表面等离激元模式的作用

5.1 引　言

　　阻抗调制本质上是对传播常数进行调制。通过 2.2.3 节中对人工表面等离激元单元结构的色散特性仿真可知，对于常见的 H 形或 U 形单元结构，调节其凹槽深度或宽度，均可改变其传播常数及色散特性。相比于凹槽宽度的调制，对于凹槽深度的调制可变范围更大，因此通常通过调节单元结构凹槽深度进行传播常数的调制。对于其他类型的结构，也可根据 2.2 节中的理论分析，得到调制传播常数的最敏感参数。阻抗调制方法有两种：

　　第一种调制方法可称为末端调制，仅对传输线末端的单元结构进行调制，人工表面等离激元模式通常以端射形式辐射向自由空间。但需注意，这种端射辐射不同于前面第 3 章加载寄生结构的端射辐射原理，本方法所涉及的调制是通过人工表面等离激元单元结构自身的改变将束缚在传输线上的能量调制到自由空间中，辐射波束类型与传输线上的电流分布息息相关。

　　第二种调制方法为周期性调制，在整个人工表面等离激元传输线上对单元结构做周期性调制，同样也主要是基于单元结构本身的变化将束缚在人工表面等离激元传输线上的慢波调制成快波，从而实现辐射。本章仍以常见的 H 形和 U 形单元结构为例，分别介绍两种调制方式。

5.2　末端调制端射天线

5.2.1　末端调制偶模人工表面等离激元

本书所提出的设计如图 5.1(a)所示，其中灰色部分表示介质基板(F4B 板材)，红色和黄色部分分别表示介质基板上层和下层的金属结构。整个结构设计在 0.8 mm 厚的 F4B 介质基板上，其介电常数为 2.65，正切损耗为 0.003。由于是双层结构，图 5.1(b)分别给出介质上层金属结构和介质下层金属结构的示意图，具体的表面波—空间波转换部分的细节在图 5.1(c)中给出。在如图 5.1 所示的设计中，馈电部分采用常用的微带传输线，为了满足阻抗匹配，实现功率的最大化传输，用于馈电的微带传输线的尺寸被设计为：$w_1 = 1.5$ mm，$w_2 = 10$ mm，以保证其阻抗达到 50 Ω。由于微带传输线和人工表面等离激元传输线之间存在不匹配，因此在二者之间应该存在过渡部分。过渡部分由渐变的微带传输线地板和凹槽深度渐变的褶皱带线构成，微带传输线的地板由最初的 10 mm 渐变为 1.5 mm，凹槽深度由 0.4 mm 渐变为 1.2 mm。这种过渡结构已经被证明可以高效地将微带传输线支持的准横电磁波模式(Transverse Electromagnetic Mode，TEM Mode)转换为人工表面等离激元模式[1]。单元结构的尺寸设置为：周期长度 $p = 2.5$ mm，凹槽宽度 $a = 1.2$ mm，凹槽深度 $h = 1.2$ mm。

若要将表面波转换为空间波，表面波与空间波之间的动量和阻抗均应该得到匹配。为了实现阻抗匹配，可以利用开口的金属地结构，开口金属地结构的两条曲线均用指数函数描述为：$y = C_1 e^{ax} + C_2$，其中曲线 y_1 和 y_2 的 a 值分别设置为 0.04 和 0.06，这个值是通过优化选定的，优化目标即为辐射功率的最大化。开口的金属地结构在文献[2]、[3]中被证明可以实现超宽频率范围内的阻抗匹配。同时为了克服人工表面等离激元模式与空间波之间波数的严重不匹配，本设计中采用了凹槽深度渐变的方法[如图 5.1(c)所示]，凹槽深度由 1.2 mm 渐变为 0.1 mm。

随凹槽深度变化而变化的色散特性曲线如图 5.2 所示，可以看到，随着凹槽深度的逐渐减小，色散特性曲线逐渐向光线靠近，人工表面等离激元传输线对于场的束缚能力越来越弱，最终电磁波被辐射到自由空间中。

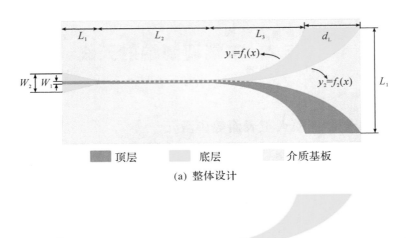

(a) 整体设计

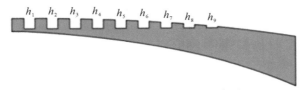

(b) 上下两层结构示意图

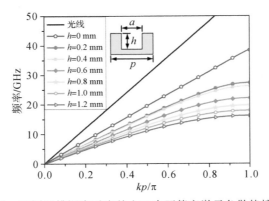

(c) 表面波—空间波转换细节示意图

图 5.1 基于人工表面等离激元的表面波—空间波转换器

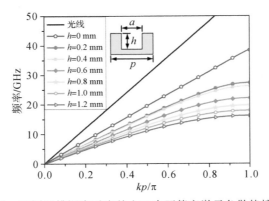

图 5.2 不同凹槽深度对应的人工表面等离激元色散特性曲线

为了验证所设计结构的正确性，天线的实物被加工成型用以测试，实物如图 5.3(a)所示，仿真和实验测得的反射系数在图 5.3(b)中给出。该结构的反射系数由是德科技的矢量网络分析仪测得，用于馈电的端口与矢量网络分析仪相连。从图 5.3 中可以看出，实验和仿真得到的反射系数的趋势一致，少许截止频率的偏差主要由加工误差、机械误差和 PCB 变形导致。在 5～20 GHz 的宽频带范围内，反射系数都保持在－10 dB 以下，表明该天线具有良好的阻抗匹配。良好的测试结果初步验证了本设计的正确性。

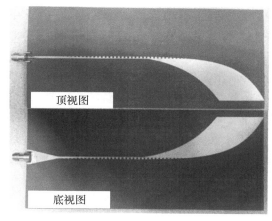

(a) 实物图

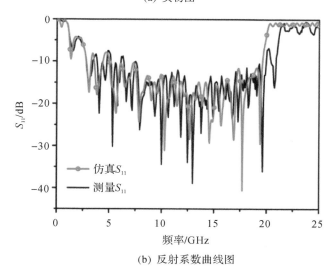

(b) 反射系数曲线图

图 5.3　所设计的基于人工表面等离激元的表面波—空间波转换器实物图与反射系数

　　为进一步明确辐射过程，天线实物的近场分布也得到了测试。近场测试系统包括一根与矢量网络分析仪连接的探针及一个由电机操控、位置可移动的平台。在测试过程中，探针位置固定，样品与矢量网络分析仪连接，并放在平台上固定好，电机控制平台横向或纵向移动，直至扫描完整个样品平面，探针接收到的电场信息由 MATLAB 处理后画图。本次实验中，探针在样品上方 2 mm 处。由于电场的 y 方向分量能更清楚地描述电磁波模式转换的过程，因此探针前端应平行于物体放置。测试结果在图 5.4 中给出，测试频率分别是 6 GHz、10 GHz、14 GHz 及 18 GHz。参考该图可以发现，电磁波沿开口结构逐渐被辐射出去，这与预期的一致。值得注意的是，在实验结果中，电磁波有向一边偏移的趋势，这主要归因于探针有所倾斜，测到了部分 z 方向分量的场。同时，所设计结构中用于转换和辐射的关键部分分别位于介质基板的上、下两层，而人工表面等离激元传输线又有极强的束缚性，当探针在上层进行扫描时，能测到的上层金属结构中的 z 方向分量场总是要强于下层金属结构中 z 方向分量的场，最终导致测试的场分布向上层金属结构一侧偏移。为了验证上层金属结构中的 z 方向分量场强于下层金属结构中的 z 方向分量场，模拟将探针垂直于物体放置，并置于物体上方 2 mm 处，进行 z 方向分量场的重新仿真，仿真结果如图 5.5 所示。可以明显地看到，上层金属结构一侧的场确实强于下层金属结构一侧的场。图 5.4 中场的偏移方向和图 5.5 中场的偏移方向一致，这也证实了上文中的误差分析。

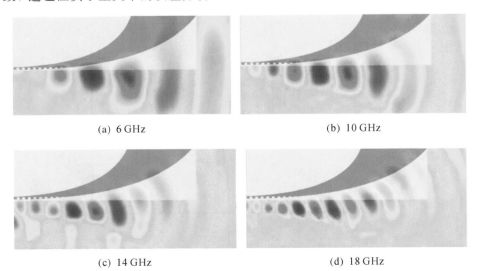

(a) 6 GHz　　　　　　　　　　　　　(b) 10 GHz

(c) 14 GHz　　　　　　　　　　　　　(d) 18 GHz

图 5.4　实验测得的不同频率情况下 y 方向电场分量分布情况

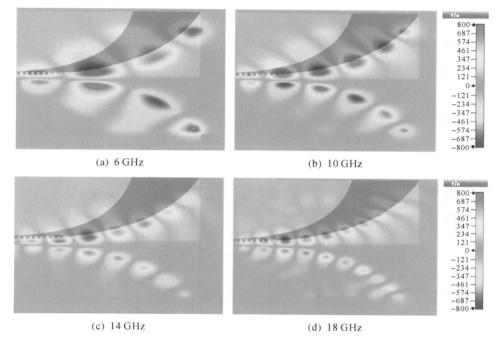

(a) 6 GHz (b) 10 GHz

(c) 14 GHz (d) 18 GHz

图 5.5 仿真得到的不同频率情况下 z 方向电场分量分布情况。

我们在微波暗室中对所设计结构的远场辐射方向图进行了测试。实验测得的归一化的仿真和测试的辐射方向图如图 5.6 所示，频率分别为 6 GHz、10 GHz、14 GHz 和 18 GHz。实验结果和仿真基本保持一致，从图中也可看到，在两组结果中，14 GHz 和 18 GHz 处的辐射方向图在最大辐射方向均有裂瓣，这是由于开口金属地结构的固有特性造成的。当开口的金属地结构边缘有电流通过时，就会在远场辐射方向图中出现副瓣，副瓣的出现会影响辐射的定向性，引起主瓣的微小偏移[4]。当开口金属地的开口过大时，副瓣对主瓣偏移量的影响变大，最终使得主瓣向两边分裂。同时，辐射方向图的劈裂也可通过上述近场分布预测到。上层金属结构中的电场有向上层金属结构方向偏移的趋势，下层金属结构中的电场有向下层金属结构方向偏移的趋势，这种趋势在高频尤为明显。这种高频率范围内的辐射方向图的劈裂，可以通过在开口金属地结构中间添加一系列超材料单元来优化，通过设计超材料单元结构的具体参数，使它们可以用于辐射能量的汇聚，类似工作在文献[5]中已有报道。

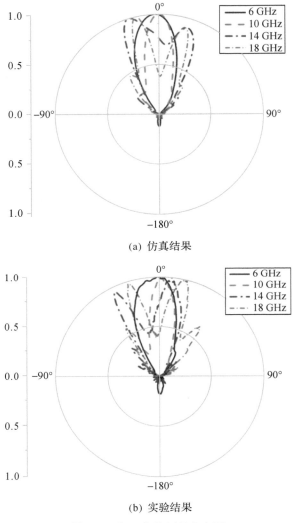

(a) 仿真结果

(b) 实验结果

图 5.6　归一化的辐射方向图

　　图 5.7 给出所设计结构的天线效率和增益曲线。增益取自最大辐射方向，所设计结构在工作频率范围内的平均增益可达 9.9 dBi，效率为 92％左右。由于实验条件的限制，20 GHz 时的天线效率和增益未能测出，因此在图中并未表现。可以看到增益值在 10 GHz 之后有所下降，这也是由于主瓣劈裂，辐射方向图分离，导致最大辐射方向能量减小，之后增益值再次上升则是由于分裂成的两个波束能量分布逐渐明朗，到达稳定状态。

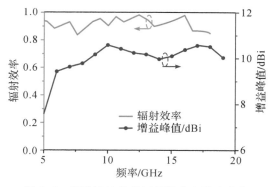

图 5.7　所设计结构的辐射效率和增益曲线

5.2.2　末端调制奇模人工表面等离激元

在介绍末端调制奇模人工表面等离激元之前，首先提出一种基于奇模人工表面等离激元传输线。利用电磁仿真软件 ANSYS HFSS 18.0 对此传输线进行建模仿真，模型的示意图如图 5.8(a)所示。这款奇模人工表面等离激元传输线印制于 ε_r 为 2.2，损耗角正切为 0.002 的 1 mm 厚度的 F4B 板材上。传输线两端呈现镜像对称的馈电结构，当一个端口被激励时，另一个端口和匹配负载相连接。馈电结构采用"微带—槽线—人工表面等离激元"结构的转换，微带线对槽线激励后，槽线经过一分二的设计，在人工表面等离激元金属凹槽上加载人工表面等离激元奇模信号。传输部分是一排 H 形的人工表面等离激元单元。凹槽深度取值为 11.2 mm，与 2.2.4 节中提到的单元参数一致。为了验证分析此奇模人工表面等离激元传输线，对提出的传输线模型进行加工。图 5.8(b)给出了该传输线实物样品的照片。

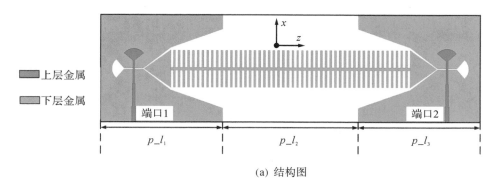

(a) 结构图

(b) 加工实物样品照片

图 5.8　奇模人工表面等离激元传输线结构

利用矢量网络分析仪(型号为 Keysight E5080)对该传输线进行 S 参数(反射系数和传输系数)测试。图 5.9 给出了该双端口传输线的 S 参数的测试与仿真结果。测试和仿真结果显示从 4.35 GHz 到 5.0 GHz,该传输线的反射系数小于−10 dB 并且传输系数在−3 dB 左右,此传输线在该频段范围内显示出良好的传输特性,这是此传输线的传输通带。从 2.4 GHz 到 4.35 GHz,反射系数始终在−10 dB 以下,但是传输系数小于−3 dB,说明传输特性很弱,能量在不断地向外泄漏。这一现象恰好验证了前面对人工表面等离激元小单元色散曲线的分析。从 2.4 GHz 到 3.19 GHz,此奇模人工表面等离激元的色散曲线处于快波区域,能量能够向外辐射。在这一频段,此双端口传输线的反射系数和传输系数都小于−10 dB,这种奇模传输线能够作为一种奇模人工表面等离激元天线使用。而从 3.19 GHz 到 4.35 GHz,奇模的色散曲线处于慢波区域,但是仍然靠近光线附近,此传输线以较低的效率进行辐射。这个频率范围属于良好辐射和良好传输的过渡频段。另一个值得注意的是,当频率高于 5.0 GHz 时,此传输线的传输系数陡然下降,反射系数也随之上升,说明人工表面等离激元传输线在 5.0 GHz 之后不能够传输,呈现截止效应。这一现象也与 2.2.4 节中对人工表面等离激元单元的色散曲线反应的截止频率为 5.0 GHz 相一致。

图 5.10 给出了此传输线的漏波系数与工作频率的关系。漏波系数是根据 $1-|S_{11}|^2-|S_{21}|^2$ 计算出来的漏波百分比。从图中可以看到,大部分的能量在 2.4~4.35 GHz 频率内被泄漏。少于 30 % 的能量在 4.35~5.0 GHz 被泄漏,说明此频段是传输通带。5 GHz 是截止频率。由于测试的 S 参数数据与仿真数据存在误差,因此计算的漏波百分比也存在一定的误差。

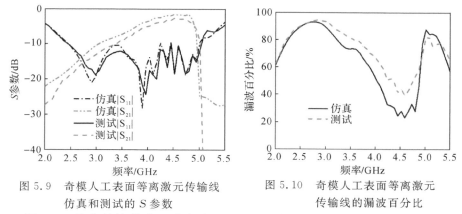

图 5.9　奇模人工表面等离激元传输线　　　图 5.10　奇模人工表面等离激元
仿真和测试的 S 参数　　　　　　　　传输线的漏波百分比

图 5.11 是此传输线在三个频点下的 E_x 电场图。从图 5.11 中可以更直观地看出，当频率分别为 2.7 GHz 和 3.7 GHz 时，电场的幅度是随着远离端口的位置逐渐减小的，反应电磁能量是不断向外泄漏的。但是，在 4.7 GHz 频率下，电场的幅度沿着传输线是相等排布的，表现出良好的传输特性。此外，沿着 x 轴方向电场的相位在人工表面等离激元单元的上下两侧都表现为同一种颜色(同为红色或蓝色)，说明人工表面等离激元结构两侧的相位是一致的，也再次验证此传输线传输的是人工表面等离激元的奇模模式。随着频率的升高，传输线电尺寸增加，电场包络的个数也在增加。

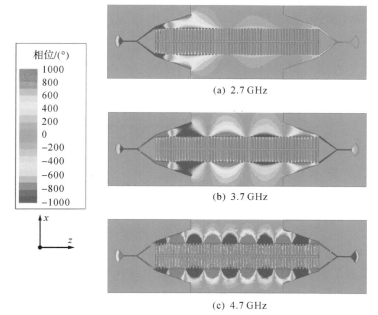

图 5.11　奇模人工表面等离激元传输线的仿真电场

　　根据人工表面等离激元的奇模传输线在低频段快波区域能够辐射的特性，人们设计了一种基于人工表面等离激元的奇模端射天线。图 5.12 给出了所设计的端射天线的演进过程，分为三个步骤，天线被依次命名为天线 1、天线 2 和天线 3。天线 1 的结构是前文提到的奇模传输线删去加载匹配负载的馈电端口和其所连接的馈电部分。天线 2 是将天线 1 的末端改进成凹槽深度渐变结构形成的。将天线 2 中人工表面等离激元结构的长度进行缩短，做小型化处理得到天线 3 的天线结构，也就是本设计中提出的奇模人工表面等离激元端射天线。

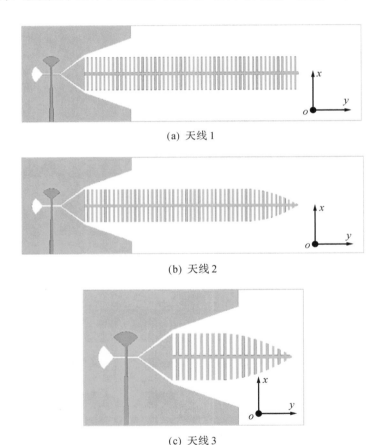

(a) 天线 1

(b) 天线 2

(c) 天线 3

图 5.12　奇模人工表面等离激元天线的演进过程

　　图 5.13 所示为演进过程中不同天线对应的反射系数对比曲线图。三种天线的反射系数在 2.4 GHz 处均小于 −10 dB。从图中可知，天线 1 的反射系数在 4.35 GHz 之后大于 −10 dB。相比较于上一小节中的奇模传输线，这是由于天线 1 缺少吸收端口，在 4.35 GHz 后不能传输，能量被反射回馈电端口。而

天线 2 经过末端渐变结构的处理，其辐射特性得到明显改善。反射参数在 4.35 GHz 之后也降低到 −10 dB 以下，天线的工作频带也得以拓宽。进一步说明通过末端加载渐变结构，能够将人工表面等离激元单元的相位常数不断减小至 k_0 附近，使得处在较高频带范围的慢波实现辐射。最后，将天线进行小型化处理，缩短其辐射部分的长度，并且根据图 5.13，长度缩短后的天线带宽没有受到显

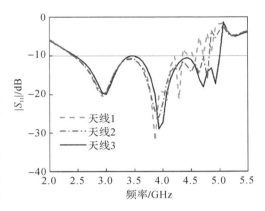

图 5.13   奇模人工表面等离激元演变天线的反射系数

著影响。天线的工作频带是从 2.4 GHz 开始到截止频率 5.0 GHz。

　　天线 1、天线 2 和天线 3 在三个不同频率下仿真的 E_x 的电场如图 5.14 所示。在人工表面等离激元结构的两侧，电场的颜色是一致的，说明三种天线都是由人工表面等离激元奇模进行辐射的。图 5.14 直观显示，在 2.7 GHz 和 3.7 GHz 处，电场的幅度是不断减小的，说明束缚在人工表面等离激元结构的电磁能量在不断向外泄漏形成辐射。在 4.7 GHz 频率下的场图更加值得关注，天线 1 的电场呈现杂乱分布，没有实现良好的辐射特性。相比较而言，经过渐变结构的加载使得漏波辐射重新发生，天线 2 和天线 3 都实现了能量的泄漏，能够向自由空间辐射。

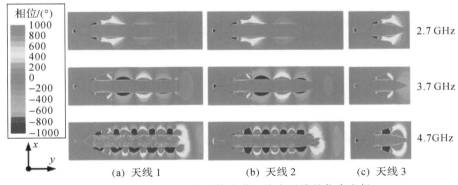

图 5.14   奇模人工表面等离激元演变天线的仿真电场

　　为了深入剖析本设计的端射天线小型化处理对天线性能的影响，对 H 形的人工表面等离激元辐射结构的长度进行多组参数设定研究。图 5.15 显示出不同的辐射结构的长度 L 对天线增益曲线的影响。从图中可以看出，当频率低

于 4.35 GHz 时，人工表面等离激元辐射结构长度的增加会使得天线增益有所提高，这是由于尺寸的增加使得天线的等效辐射口径增加从而提高了天线的增益。但是随着长度的增加，增益并没有显著提高。在 4.35～5.0 GHz 频带范围，当人工表面等离激元结构的长度变短时，天线的增益变化更加稳定，增益曲线更为平滑。本设计中将天线的小型化程度和增益的因素综合考虑，选择最为合适的人工表面等离激元辐射结构的长度为 40 mm($0.5\lambda_c$，其中 λ_c 为中心频率 3.75 GHz 的自由空间波长)。

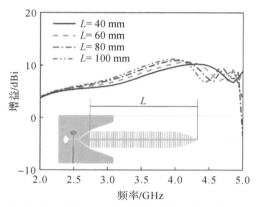

图 5.15　仿真的增益随着人工表面等离激元部分结构长度的变化

为了进一步验证所设计天线的特性，将本设计提出的人工表面等离激元端射天线采用 PCB(Printed Circuit Board)技术，对天线进行了加工。加工后的实物照片和方向图测试的暗室环境如图 5.16 所示。微带线巴伦和 SMA(SubMiniature version A)接口的内芯焊接，微带线地板和 SMA 的金属外皮焊接。经过焊接之后的天线样品能够直接用于天线性能的测试。

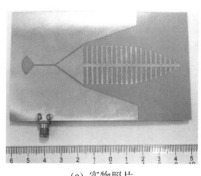

(a) 实物照片　　　　　(b) 方向图测试环境

图 5.16　天线实物图和方向图测试环境

利用矢量网络分析仪(型号为 Keysight E5080)对该人工表面等离激元端射天线的反射系数进行测试。图 5.17 给出了仿真及测试的结果,两者之间基本没有频率偏差。测试结果表明设计的天线能够实现 70.3 % 的阻抗带宽($|S_{11}| < -10\text{ dB}$),所覆盖的工作频段为 2.4~5.0 GHz,与所设计的工作频带范围一致。

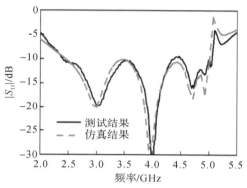

图 5.17 天线反射系数测试与仿真结果

利用 SATIMO 近场测试系统对人工表面等离激元端射天线的方向图进行了测试。图 5.18 给出了此天线在 3.0 GHz、3.5 GHz、4.0 GHz 和 4.5 GHz 四个不同频点下的远场辐射方向图的测试与仿真结果。该天线在 E 面和 H 面上均呈现出宽带稳定的端射特性。其中天线的 E 面是图 5.12 中的 xoz 面,H 面是图 5.12 中的 yoz 面。由于人工表面等离激元结构是一种单导体的结构,在介质板的另一侧没有金属地板覆盖,主极化的方向图具有对称性,最大辐射方向总是在 $+z$ 轴,没有裂瓣,不存在最大辐射方向因地板存在而偏离 $+z$ 轴的情况。此外,测试的交叉极化水平低于 -20 dB,此天线表现出低的交叉极化水平。从图中可以看出,测试的交叉极化水平高于仿真的交叉极化,这是由于测试环境存在噪声和测试时放置位置略有偏差等因素造成的。

图 5.19 给出了该人工表面等离激元端射天线的增益与效率在宽频带范围内的测试与仿真结果。其增益曲线在 4.4 dBi 到 8.6 dBi 之间变化,略有波动。这是由于随着频率的升高,天线的电尺寸增加使得天线的增益有所提高。在部分频段仿真的增益略高于测试的实际增益,这可能是由于焊接的 SMA 接头有插入损耗造成的。从图 5.19 中可看出,测试的效率和仿真的效率基本一致,稍有部分测试误差。在整个工作频带范围内,本设计的人工表面等离激元端射天线的效率在 90% 以上,具有较高的天线效率。

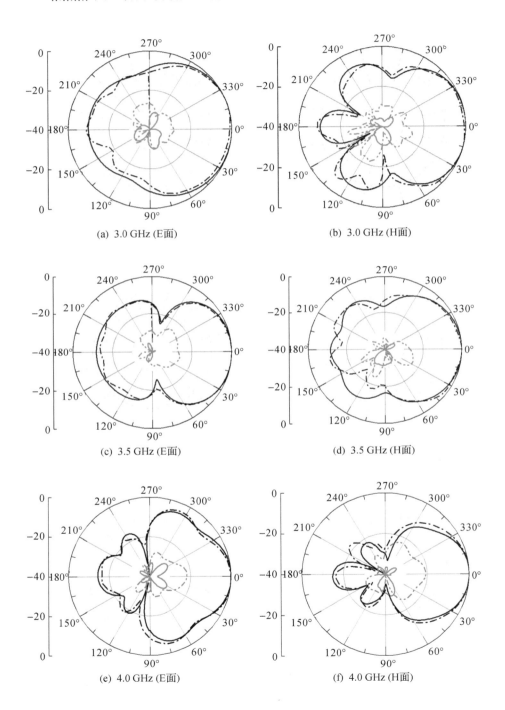

(a) 3.0 GHz (E面)

(b) 3.0 GHz (H面)

(c) 3.5 GHz (E面)

(d) 3.5 GHz (H面)

(e) 4.0 GHz (E面)

(f) 4.0 GHz (H面)

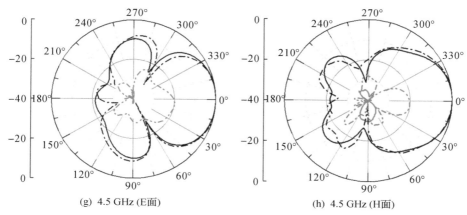

(g) 4.5 GHz (E面)　　　　　　　　(h) 4.5 GHz (H面)

图 5.18　天线远场方向图测试与仿真结果

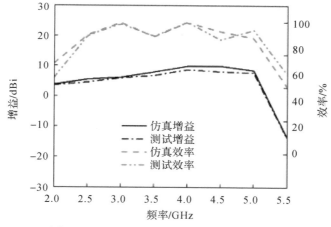

图 5.19　天线增益与效率的测试与仿真结果

5.3　周期性阻抗调制漏波天线

5.3.1　理论分析

首先对图 5.20 所示的平面人工表面等离激元传输线进行分析。

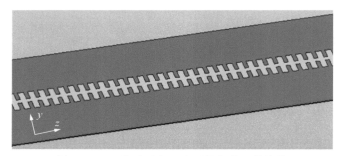

图 5.20　一种平面人工表面等离激元传输线

对图 5.20 所示的结构，其上层空间中的电磁场应满足麦克斯韦方程（Maxwell Equation）：

$$
\begin{cases}
E_z = \dfrac{k_x}{\omega\varepsilon_0} H_0 \, \mathrm{e}^{-\mathrm{j}k_x x - \mathrm{j}k_z z} \\[2mm]
E_x = \dfrac{-k_z}{\omega\varepsilon_0} H_0 \, \mathrm{e}^{-\mathrm{j}k_x x - \mathrm{j}k_z z} \\[2mm]
H_y = H_0 \, \mathrm{e}^{-\mathrm{j}k_x x - \mathrm{j}k_z z}
\end{cases}
\tag{5.1}
$$

对无耗媒质来说，此时 $k_z = \beta_z$，表示沿 z 方向的传播常数。接着，根据表面阻抗的定义，可以得到：

$$
\eta_{\text{surf}}(z) = -\frac{E_z}{H_y} = -\frac{k_x}{k_0}\eta_0
\tag{5.2}
$$

其中，η_0 表示自由空间中的波阻抗。因此，根据 $k_z = (k_0^2 - k_x^2)^{1/2}$，沿 z 方向的传播常数与表面阻抗之间的关系可以表示为

$$
k_z(z) = k_0 \sqrt{1 - \frac{\eta_{\text{surf}}^2(z)}{\eta_0^2}}
\tag{5.3}
$$

前面提到，人工表面等离激元是一种慢波，也就是说 $k_z > k_0$，此时电磁波不能辐射向自由空间。但是，当对表面阻抗引入一定的调制之后，情况就会有所变化。以正弦调制为例[6]。考虑下式给出的正弦调制：

$$
\eta_{\text{surf}} = \mathrm{j}X_s \left[1 + M\cos\left(\frac{2\pi}{A}z\right) \right]
\tag{5.4}
$$

其中，X_s 代表平均表面阻抗，M 为调制因子，A 为调制周期。正弦调制的加入会引起无穷多次空间谐波[7]，第 n 次谐波的传播常数可以表示为

$$
k_N A = nk_0 A + 2\pi N, \quad N = 0, \pm 1, \pm 2, \cdots
\tag{5.5}
$$

这里，k_0 是自由空间中的传播常数，n 表示等效表面折射率。从上式可以得出结论：当 $N \geqslant 0$ 时，$k_N > k_0$，此时电磁波表现为慢波模式；当 $N \leqslant -1$ 时，$-k_0 < k_N < k_0$，此时电磁波表现为快波模式，可以被辐射到自由空间中。一般

来说，－1 次谐波最早变为快波，因此这里选择－1 次谐波作为辐射波，即需满足条件$-k_{-1}<k_N<k_{-1}$。结合式(5.5)，可以得到如下不等式：

$$-1+\frac{\lambda_0}{A}<n<1+\frac{\lambda_0}{A} \tag{5.6}$$

再结合式(5.3)和式(5.4)中平均表面阻抗 X_s 与 n 之间的关系，可以得到 X_s 的表达式。此时，如果调制因子 M 和调制周期 A 被确定，就可以根据下式得到每个单元结构应该具有的表面阻抗：

$$\eta_{\text{surf}}(z)=\eta_0\sqrt{1-\left(\frac{k_z(z)}{k_0}\right)^2} \tag{5.7}$$

由前面的分析可以知道，通过调节单元结构的凹槽深度就可以控制传播常数 k_z。因此，只要周期性地对单元结构的凹槽深度进行改变，就可以满足－1 次谐波变成辐射波的要求。另外，辐射波束的角度还可以由下式预测：

$$\cos\theta_{-1}=\frac{k_N}{k_0}=\frac{nk_0-2\pi/A}{k_0} \tag{5.8}$$

虽然以上公式是在平面结构的基础上推导得到的，但是仍然可以将其推广至三维结构加以利用。此外，调制函数不限于上述的正弦样式，也可以是三角调制、矩形调制或更多类型。以下分别以正弦调制、三角调制和矩形调制（"01"调制）为例介绍周期性调制的作用。

5.3.2　正弦调制偶模人工表面等离激元

根据上面的分析，可以设计如图 5.21(a)所示的结构。该结构可以大致分为三个部分。第一个部分是同轴传输线，用以对整个结构馈电，支持传统的导行波。第二个部分即文献[8]中提到的过渡部分，包括逐渐开阔的外层金属结构和凹槽深度渐变的内层金属，具体细节如图 5.21(b)所示。逐渐开阔的外层金属结构用来实现同轴传输线与人工表面等离激元传输线之间的阻抗匹配，凹槽深度渐变的内层金属结构则用来满足二者之间的动量匹配。经过这种高效的转换结构之后，如果接下来构成人工表面等离激元传输线的单元结构完全一样[如图 5.21(c)所示]，周期长度 $p=5$ mm，凹槽宽度 $a=3.5$ mm，凹槽深度 $h=4$ mm，那么这就是一种高效的人工表面等离激元传输线，这也是该设计的第三部分。根据上一小节的分析可以知道，当对单元结构的凹槽深度进行周期性调制时，受调制的人工表面等离激元传输线会激发高次谐波，调制适当的情况下，－1 次谐波将会第一个变成辐射波被辐射。因此，考虑图 5.21(d)所示的调制结构，对不同凹槽深度对应的色散特性曲线进行仿真分析，结果如图 5.22 所示。与前面得到的结论相同，凹槽深度的变化会使结构的色散特性发生规律性变化。同时，在不同频率点，不同的凹槽深度还对应不同的传播常数，这种特性可以被用来设计辐射特性随频率变化的辐射器件。可以预测，本节所设计的结构可以将表面波转换成空间波辐射向自由空间，同时不同频率对应的辐射角度不同，即一般所说的漏波频率扫描天线。

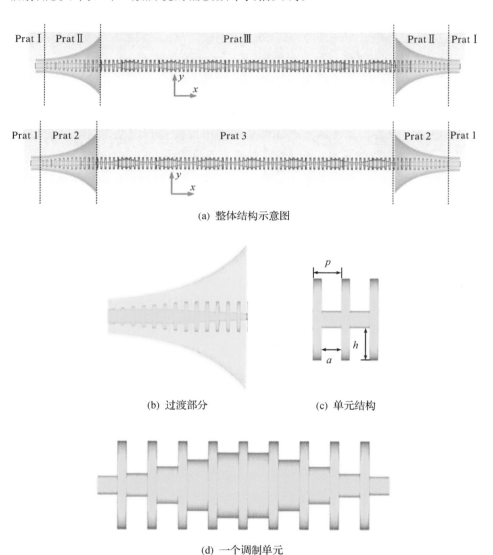

(a) 整体结构示意图

(b) 过渡部分   (c) 单元结构

(d) 一个调制单元

图 5.21　所设计的基于人工表面等离激元的全向漏波天线

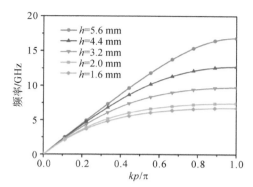

图 5.22　三维人工表面等离激元传输线单元结构不同凹槽深度对应的色散特性曲线

为了验证上述预测，可在所设计结构的两端加上端口进行仿真。仿真得到的反射系数 S_{11} 的结果如图 5.23 所示，可以看到在 3～7 GHz 的频率范围内，反射系数均基本保持在 −10 dB 以下，除了 4.5 GHz 左右的地方，反射系数有微小的突起。这是由周期性漏波天线本身的限制造成的，在边射方向辐射性能有所下降。微小的反射证明了结构中第二部分匹配工作的完成。

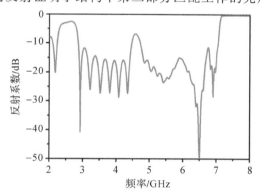

图 5.23　仿真得到的全向漏波天线的反射系数曲线图

根据图 5.24(a)、(c)、(e)给出的电场分布，可以明显地看到电磁波向外辐射的过程。3.5 GHz 时，电磁波的辐射方向与人工表面等离激元传输线上的电磁波传播方向相反，属于后向辐射；4.5 GHz 时，辐射方向基本位于边射方向；而 7 GHz 时，电磁波的辐射方向与人工表面等离激元传输线上的电磁波传播方向相同，属于前向辐射。所设计结构的远场辐射方向图的仿真结果如图 5.24(b)、(d)、(f)所示，进一步验证了 3.5 GHz 时的后向辐射、4.5 GHz 时的边射辐射以及 7 GHz 时的前向辐射。由于传播常数随频率的变化是连续的，因而波束扫描的角度也应该是连续的，这种连续扫描的特点可以在图 5.25 中明显地看到。

(b) 3.5 GHz 时的远场辐射方向图

(d) 4.5 GHz 时的远场辐射方向图

(f) 7 GHz 时的远场辐射方向图

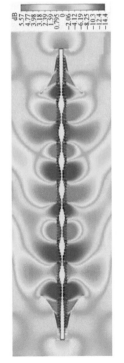

(a) 3.5 GHz 时的电场分布图

(c) 4.5 GHz 时的电场分布图

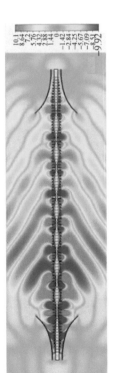

(e) 7 GHz 时的电场分布图

图 5.24　所设计的全向漏波天线的辐射特性仿真结果

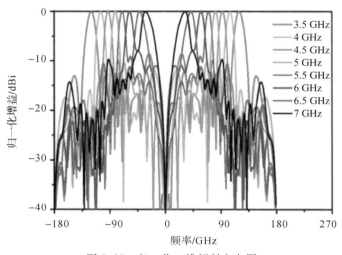

图 5.25　归一化二维辐射方向图

　　所设计结构的辐射效率和增益也在图 5.26 中给出,在工作频率范围内, 所设计结构的平均增益可达 9.2 dBi,辐射效率为 96.8%。值得注意的是,本设计由于人工表面等离激元传输线本身的性质,是天然的全向漏波频率扫描天线。全向天线发射的信号可以被辐射方向内任意方位的接收天线接收,同时也可以接收各个方向上的信号,这一特点在通信系统中十分重要。其可用于大范围覆盖、点对多点通信系统中。

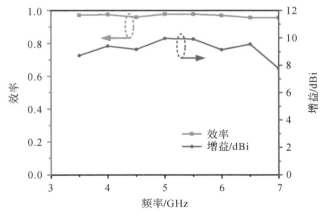

图 5.26　所设计结构的仿真天线效率和增益曲线图

5.3.3　正弦调制奇模人工表面等离激元

如图 5.27 所示，天线结构由四个部分组成。区域 I 是由一对宽带微带巴伦组成的馈电结构。巴伦的宽度 w_1 被调整为能够和 50 Ω 电缆接头（SMA）阻抗相匹配。当其中一个端口被激励时，另一个端口和匹配负载相连接。区域 II 和区域 III 为过渡区域。在区域 II 中，一种微带到槽线的转换器被设计为差模信号激励器。这种过渡结构能够将微带线上传播的电磁场转换为槽线中的电磁场量，进而实现对人工表面等离激元奇模的激发。区域 III 为凹槽深度逐渐渐变的人工表面等离激元过渡结构。通过渐变结构的设计，实现从槽线模式向人工表面等离激元模式的良好转换。经过区域 II 和区域 III，微带线中的准 TEM 波被良好地转换为人工表面等离激元波，沿着人工表面等离激元传输线进行传播。主辐射结构为区域 IV 部分，它是由与"十"字形互补的人工表面等离激元小单元串联排列而成的。人工表面等离激元的凹槽深度经过表面阻抗的正弦调制后，呈现周期性分布。天线辐射部分包含 27 个周期单元，每个周期中包含 11 个人工表面等离激元小单元，凹槽深度依次为 h_1，h_2，$\cdots$，h_{11}。凹槽深度对于天线的辐射特性是至关重要的参数，其深度取值是根据漏波天线能够在 20 GHz 实现后向端射时综合设计得到的，具体物理参数详见表 5.1。天线辐射结构的长度为 $11.8\lambda_c$（λ_c 为中心频率的自由空间波长），保证能量能够充分泄漏。

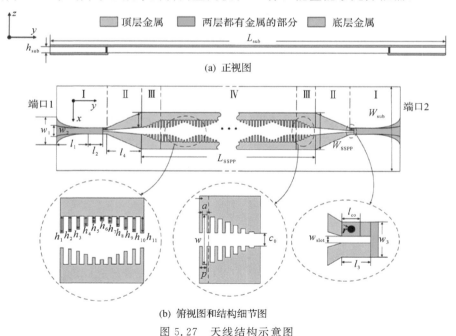

(a) 正视图

(b) 俯视图和结构细节图

图 5.27　天线结构示意图

表 5.1　天线结构物理参数表　　（单位：mm）

L_{sub}	W_{sub}	h_{sub}	w_1	w_2	w_3	w_4	L_{SSPP}	W_{SSPP}	w_{slot}
187	15	0.813	4.44	1.992	1.2	2.6	157.8	6.5	0.15
a	p	w	l_1	l_2	l_3	l_4	c_0	l_{co}	r
0.3	0.5	3.9	6	2	0.6	6	1.3	0.45	0.25

为了研究偶模和奇模的人工表面等离激元模式对漏波天线辐射特性的具体影响，利用电磁仿真软件 CST Microwave Studio 对人工表面等离激元小单元进行本征模仿真和电场分布的仿真。

根据已有的文献，通常有两种人工表面等离激元单元形式。第一种如图 5.28(a)所示，表现为"十"字交叉形式，可以将其小单元串联而成的人工表面等离激元结构看成是一排矩形金属条带。另一种如图 5.28(b)所示，是与"十"字交叉形式互补的结构，其中黄色的部分表示金属结构。对于这两种结构，人工表面等离激元单元的周期都选定为 $p = 0.5$ mm，凹槽的深度为 $h = 1.225$ mm，宽度为 $a = 0.3$ mm，人工表面等离激元单元长度为 $w = 3.9$ mm。图 5.28 也显示出两种人工表面等离激元单元经过本征模仿真后得到的色散曲线。仿真结果表明，"十"字交叉形式的人工表面等离激元单元的基本模式为偶模，第一个高次模式为奇模。已经有相当多的文献介绍了对于偶模的激励，通常采用渐变的共面波导(CPW)形式进行馈电[2]。但是作为高次模的奇模并不容易被激励。相反地，互补的"十"字交叉形式的人工表面等离激元单元的基本模式是奇模，第一个高次模式是偶模。奇模作为基本模式，更容易被双导体结构激励。从仿真的色散曲线图中也可以得知，奇模和偶模具有相同的截止频率，截止频率是由人工表面等离激元单元的物理结构参数决定的。

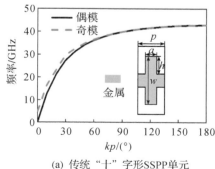

(a) 传统"十"字形SSPP单元

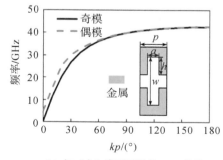

(b) 与"十"字形互补的SSPP单元

图 5.28　两种人工表面等离激元单元的色散曲线

通过图 5.29 所示的互补单元电场，可更深入地了解奇模和偶模的特性。偶模的电场呈现反相相消的特点，而奇模的电场具有电场一致性的特点。关于奇模和偶模的电场分布在第 2 章中也分析过。此外，通过对不同凹槽深度的仿真，可看出该互补单元截止频率随着凹槽深度的增加而不断降低，如图 5.30 所示。

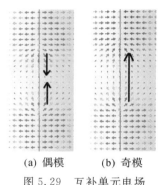

(a) 偶模　　　(b) 奇模

图 5.29　互补单元电场

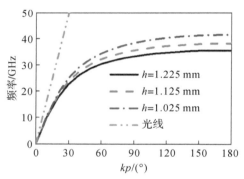

图 5.30　互补单元不同凹槽深度色散曲线

此外，人工表面等离激元奇模和偶模的等效辐射电流具有不同的特点，从而会对辐射方向图造成不同的影响，如图 5.31 所示。偶模的等效电流平行于电磁波的传播方向，奇模的等效电流方向垂直于人工表面等离激元单元凹槽的排布方向，即波的传播方向。这种差异对于方向图的影响在于单元因子的差异。偶模单元因子的方向图类似于平行于阵列方向放置的半波偶极子方向图，而奇模的单元因子类似于垂直于阵列方向放置的半波偶极子方向图。而阵列因子是根据阵列天线的原理得到的。本设计重点分析后向端射辐射的情况，即当相位常数 β 等于 $-\beta_0$（β_0 为自由空间波的相位常数）时，得到阵列因子为后向端射的辐射特性，如图 5.31 所示。经过方向图乘积定理，相对于利用人工表面等离激元的偶模，基于人工表面等离激元奇模的漏波天线能够实现完全的后向端射辐射特性。

等效电流分布	单元因子	阵列因子	辐射特性示意图
偶模			
奇模			

图 5.31　人工表面等离激元单元奇偶模的等效电流和辐射特性示意图

　　为了进一步验证上述结论，设计了基于两种模式的人工表面等离激元漏波天线，并且对其进行了 CST 软件的建模和仿真。根据图 5.32 所示的仿真 3D 远场方向图，可以直观表明偶模的人工表面等离激元漏波天线不能够实现完全后向端射的辐射，同时，其远场方向图围绕人工表面等离激元波导结构呈现近似全向辐射的特性。奇模的人工表面等离激元漏波天线能够从后向端射方向开始频率波束扫描，辐射的波束呈现对称的双波束特点，在坐标 x 轴的方向上存在辐射的零点。

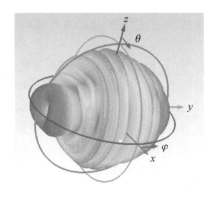

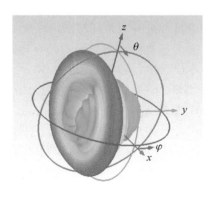

(a) 偶模 SSPP 天线的后向端射方向　　　　　(b) 偶模 SSPP 天线的后向区域

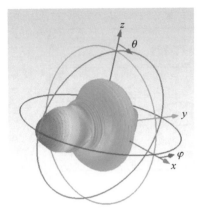
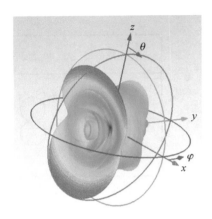

(c) 奇模 SSPP 天线的后向端射方向   (d) 奇模 SSPP 天线的后向区域

图 5.32   仿真 3D 远场方向图

    根据前述理论分析,给定调制因子 M、调制周期 T 及漏波天线在指定频率 f_0 下的辐射角度 θ,所需漏波天线的物理参数通过这种通用的设计方法能够一步步确定并最终综合设计得到漏波天线。这种通用的设计方法同样适用于设计后向端射辐射的漏波天线。

    下面说明这种通用方法设计基于人工表面等离激元的漏波天线。由于人工表面等离激元单元的凹槽深度 h 总是小于四分之一波导波长[9],因此其表面阻抗 Z 可以被表示为

$$Z = \mathrm{j}Z_c\tan(k_c h) \tag{5.9}$$

式中 k_c、Z_c 和 h 分别代表人工表面等离激元单元的波数、平均表面阻抗和人工表面等离激元凹槽的长度。可以看出,人工表面等离激元波导的表面阻抗总是呈现电抗性分布,并且与凹槽深度相关。因此,前述正弦调制理论能够应用于人工表面等离激元漏波天线的设计。

    本设计中,设定调制因子 $M = 0.3$,周期 $T = 5.5$ mm,设计漏波天线能够在 20 GHz 实现从后向端射方向开始波束扫描。由图 5.33 所示的流程图,最终经过计算得到 $k_0 = 418.88$ rad/m,$\beta_{-1} = -418.88$ rad/m,$k = 723.52$ rad/m,$X_s' = 1.41$。为了实际设计对应于每个人工表面等离激元小单元的物理参数,将其离散化处理。本设计中将周期 T 沿着 y 方向离散为 11 个长度相同的小段。同时每个小单元的归一化表面电抗满足公式(5.8)的离散化形式:

$$X_s'(i) = X_s'\left[1 + M\cos\left(\frac{2\pi i}{T}\right)\right] \tag{5.10}$$

其中,i 的取值为 1~11。根据流程图的倒数第二步,得到每个小单元的波数。

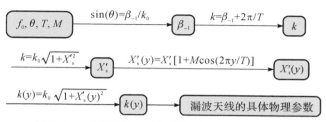

图 5.33 表面阻抗正弦调制漏波天线设计流程图

当设计基于奇模的人工表面等离激元漏波天线时，根据图 5.28，互补"十"字形的人工表面等离激元小单元的波数与其凹槽的深度有关。这里没有考虑衰减常数的影响，因此相位常数即为波数值。通过仿真 20 GHz 处不同的相位常数，得到不同的 h 取值，在图 5.34 中一一对应。为了更加清晰地显示 11 个单元的对应参数取值，将各自的数值整理在表 5.2 中。最终，互补"十"字形人工表面等离激元漏波天线的小单元的凹槽深度得以确定，11 个小单元组成一个漏波周期。为了使能量充分泄漏，达到较高的漏波效率，用 27 个漏波周期组成此漏波天线的辐射主体结构，长度为 $11.8\lambda_c$，其中 λ_c 为 23.75 GHz 作为中心频率的自由空间的波长。

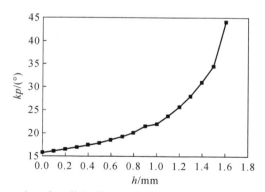

图 5.34 人工表面等离激元单元的相移与凹槽深度的对应关系

表 5.2 归一化表面电抗值、波数、相移和凹槽深度的对应列表

i	X_s'	$k(i)$ /(rad/m)	$k(i)p$ /(°)	$h(i)$ /mm
1	1.7743	853.1155	24.44	1.225
2	1.6196	797.3173	22.8415	1.125
3	1.4084	723.5183	20.7273	0.95

续表

i	$X_s{}'$	$k(i)$ /(rad/m)	$k(i)p$ /(°)	$h(i)$ /mm
4	1.1971	653.3785	18.7179	0.725
5	1.0425	605.0901	17.3346	0.485
6	0.9859	588.2083	16.8509	0.35
7	1.0425	605.0901	17.3346	0.485
8	1.1971	653.3785	18.7179	0.725
9	1.4084	723.5183	20.7273	0.95
10	1.6196	797.3173	22.8415	1.125
11	1.7743	853.1155	24.44	1.225

　　将设计的漏波天线印制在厚度为 0.813 mm、尺寸为 15 mm×187 mm 的 RO4003C(ε_r＝3.55)介质板上,其损耗角正切值为 0.0027。由于设计的天线工作在 20 GHz 频率以上,常用的 SMA 接头在如此高的频率下会产生较大的损耗,因此,采用能够工作到 40 GHz 的免焊连接器连接在微带巴伦两端。图 5.35 给出了加工的实物样本照片和远场方向图测试环境。

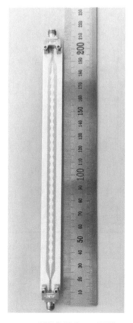

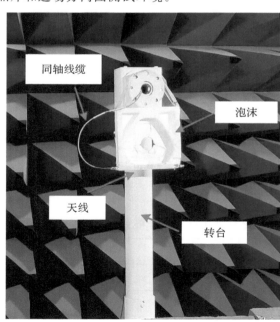

(a) 天线实物加工照片　　　　　　　　(b) 方向图测试环境

图 5.35　天线实物图和方向图测试环境

　　图 5.36 中展示的是天线仿真与测试的 S 参数结果。其中测试的 S 参数是借助于型号为 MS46322A 的矢量网络分析仪得到的。设计的天线属于二端口行波天线，在测试过程中对其中一个端口馈电时，另一个端口接 50 Ω 的匹配负载，反之亦然。仿真和测试的数据大体上是一致的。仿真的传输系数比测试的结果略高，这是由于加工精度误差和馈电接头的损耗导致的。该天线在 20 GHz 处的反射系数和传输系数均在 −10 dB 以下，说明此频率下能够实现良好辐射，而此频点是设计漏波天线的后向端射方向的频点，也是漏波天线开始频率波束扫描的起始频率。在 21.0～27.5 GHz 范围内，天线的反射系数和传输系数低于 −7 dB，说明有 60% 的能量从人工表面等离激元结构辐射到自由空间。值得注意的是，在 27.5 GHz 处，测试和仿真的反射系数曲线有一个明显的突起，即为"开阻带"效应，即主波束扫描到边射方向时能量不能良好输入，增益也会急剧地下降。

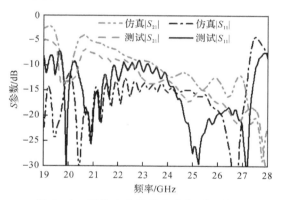

图 5.36　天线 S 参数的仿真与测试结果

　　将天线加工后的样品置于微波暗室中，进行远场方向图的测试，其测试环境如图 5.35(b) 所示。由于天线 E 面随着频率一直在变化，因此不能准确得到二维远场辐射方向图。于是，本设计的波束扫描天线在图 5.36 中画出仿真和测试的 H 面归一化二维远场辐射方向图，测试的方向图曲线和仿真的曲线吻合良好。正如预测的那样，此天线在 20 GHz 处的辐射波束能够完全指向后向端射方向。需要说明的是，仿真的后向端射频点是 20.3 GHz，与预测和测试的结果有 300 MHz 的频偏，这种误差可能是由于导体存在损耗以及小部分表面波对辐射方向图造成的影响所导致的。这种影响在文献[86]中也介绍过。从图 5.37 中可以看出，随着频率的升高，主波束从后向端射方向开始在后向区域扫描逐渐指向天顶方向，具体表现为：在 21.0 GHz 处天线的主波束指向 −61°，在 23.0 GHz 处天线的主波束指向 −37°，在 25.0 GHz 处天线的主波束指向

−20°，在 27.5 GHz 处天线的主波束指向 0°。

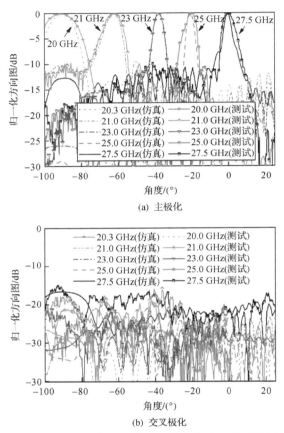

(a) 主极化

(b) 交叉极化

图 5.37　天线远场归一化方向图的仿真与测试结果

　　图 5.38 给出本设计的天线的仿真增益和效率。结果表明，此天线在 27 GHz 处达到最大天线增益 16.18 dBi。天线增益的变化范围为 11.27～16.18 dBi。和 20 GHz 处的天线增益相比，21 GHz 处的增益有明显的下降，这是因为辐射波束从后向端射方向的一个主波束分裂成对称的两个主波束。并且，随着频率的升高，由于天线电尺寸的增加，使得天线的增益也逐渐升高。同时观察到，本设计的天线的效率在大部分工作带宽内高于 60%。除此之外，也可以非常地明显看出由于"开阻带"效应，在 27.5 GHz 频率处，天线的增益和效率都存在急剧下降的现象，这也符合周期性漏波天线的特性。

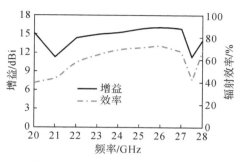

图 5.38 天线的仿真增益与效率

从上述结果可以看出，利用人工表面等离激元的奇模特性能够设计实现在后向端射方向的漏波天线。为了进一步说明此天线性能的优势，将其他类型的漏波天线进行对比，通过表 5.3 将对比结果清晰地显示出来。可以看出，和其他利用人工表面等离激元奇模的天线相比，此天线具有波束扫描特性，而其他的奇模人工表面等离激元天线是在一个频点或者宽频带范围内定向辐射的。利用人工表面等离激元偶模的天线虽然能够实现波束扫描，但是波束无法达到后向端射方向，对于设计大角度扫描的漏波天线有明显缺陷。利用周期性加载平行双线或微带线的漏波天线实现扫描角度从后向端射方向（Backfire）到边射方向（Broadside）[13] 或者前向端射方向（Endfire）[14]。此外，Rudramuni 利用Goubau Line结构设计出的漏波天线同样可以实现从后向端射方向开始波束扫描[15]。一种新型的基片集成波导周期性漏波天线的扫描可以覆盖后向端射方向到准边射方向[16]。由此可见，设计能够从后向端射方向开始频率波束扫描的漏波天线是拓展频扫天线扫描角度的重大研究方向，具有广阔的应用前景。但是以上提及的漏波天线结构参数需要不断地优化设计。本设计中的天线的优势在于最大限度地拓宽后向扫描角度的同时，不需要多余的参数优化工作，可大大减少天线优化过程所需的时间。本方法是一种天线性能的正向综合设计，可通用于电抗性表面漏波天线。

表 5.3　本设计与文献中报道的其他漏波天线性能比较

文献	漏波类型	辐射性能	扫描角度范围	能否后向端射
[11]	MLWA	波束扫描	$-59°\sim +62°$	否
[12]	CRLH	波束扫描	$-56°\sim +51°$	否
[13]	DSPSL	波束扫描	$-90°\sim -10°$	是
[14]	DSPSL	波束扫描	$-90°\sim +90°$	是

文献	漏波类型	辐射性能	扫描角度范围	能否后向端射
[15]	Goubau Line	波束扫描	$-90°\sim +60°$	是
[16]	SIW	波束扫描	$-90°\sim -10°$	是
[17]	奇模人工表面等离激元	定向(端射)	—	否
[18]	奇模人工表面等离激元	定向(端射)	—	否
[19]	偶模人工表面等离激元	波束扫描	$-10°\sim +12°$	否
本设计	奇模人工表面等离激元	波束扫描	$-90°\sim 0°$	是

5.3.4 三角调制偶模人工表面等离激元

根据文献[20]，人工表面等离激元-半模基片集成波导传输线的慢波效应已经被深入研究，电磁波被紧紧束缚在人工表面等离激元的相邻凹槽之间，大部分的能量都在此基片集成波导周围局域性分布。

图 5.39(a)、(b)分别是所设计的漏波天线的整体结构和细节展示图。天线的上层金属层印制在厚度为 0.5 mm、ε_r 为 2.65、损耗角正切为 0.003 的 F4B 介质板上。此天线的整体尺寸为 139.2 mm×15 mm。如图 5.39(a)所示，在HMSIW（Half-Mode Substrate Integrated Waveguide）的上层金属上加载人工表面等离激元凹槽，形成一种慢波传输线（SSPP - HMSIW 传输线）。该天线由微带线进行馈电，微带线的长度和宽度分别为 $w_1 = 1.57$ mm 和 $l_1 = 5$ mm，能够与 50 Ω 的 SMA 接头阻抗相匹配。设计微带到该慢波传输线的转换结构，即一种线性渐变微带线，其长度 l_2 和宽度 w_2 是根据此人工表面等离激元-半模基片集成波导的有效阻抗计算得到的，以满足微带线到这种慢波传输线的阻抗匹配。通过对凹槽深度进行周期性调制，即可设计出周期性漏波天线。

(a) 天线整体结构

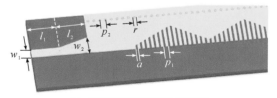

(b) 馈电和漏波周期的细节图

图 5.39 天线结构示意图

　　另外，半模基片集成波导具有高频导通的特性，而人工表面等离激元传输线
是低频导通的，将两者截止频率结合，能够确定出此慢波传输线的通带范围。为
了更直观地看出这种特性，这里将不同传输线单元的色散曲线展示在图 5.40 中。
人工表面等离激元单元的周期、凹槽宽度和凹槽深度分别设置为 $p_1 = 0.8$ mm，
$a = 0.2$ mm，$h = 3.9$ mm。这些参数会影响人工表面等离激元单元的截止频率，
进而会影响传输线高频处的通带范围。这些参数的取值并不固定，其取值取决于
期望的工作频带。对半模基片集成波导来说，同样如此，半模基片集成波导的物
理参数也可以灵活调节。金属通孔到波导中心的距离影响半模基片集成波导的截
止频率。根据低频截止频率即可确定这个距离。经过设计，图 5.40 中的参数 $d =$
12 mm。相邻通孔的间距为 $p_2 = 1$ mm。通孔的半径设置为 $r = 0.25$ mm。调整
上述参数将会显著影响半模基片集成波导的截止频率[21]。从图 5.40 中可看出，
设计的天线工作在人工表面等离激元和半模基片集成波导的截止频率之间。因
此，根据需要确定工作频带，即高、低频截止频率，进而确定设计的传输线的物
理参数。需要注意的是，与主波束扫描的频率范围相比，该频率范围可能存在轻
微差异。此外，人工表面等离激元小单元的凹槽深度由于调制的作用而不断变
化，这里只给出了一个 h 的取值作为示例。

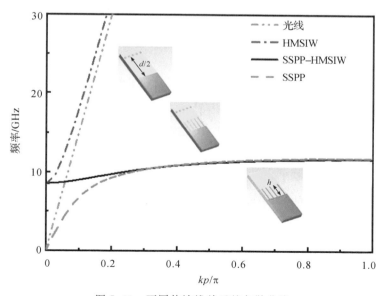

图 5.40　不同传输线单元的色散曲线

　　对混合人工表面等离激元-半模基片集成波导进行周期性调制是实现慢波到辐射快波转换的重要环节。电磁波被束缚在这种传输线上，由于其传播的相位常数大于自由空间的波数，因此电磁波不能够实现向自由空间的辐射[20]。为了实现慢波向辐射波的转换，一种周期性表面阻抗调制方法被应用于人工表面等离激元-半模基片集成波导上。根据文献[22]，这种调制会激励起空间谐波。通过调整调制的周期，这些空间谐波能够被转换为快波。实际上，所设计的人工表面等离激元凹槽的最深长度被设定为 4.535 mm，其长度可以根据所需截止频率的改变而调整。人工表面等离激元凹槽的最短长度会影响电磁波的泄漏程度。一方面，当最短凹槽的长度过短，和最深凹槽的长度差距过大时，在调制周期确定取值的情况下会使得调制变得异常敏感。一旦调制变得敏感，阻抗匹配就会恶化，导致反射波能量增强。另一方面，当最短凹槽长度过长时，调制会变得平缓，辐射性能也会变差。因此，人工表面等离激元凹槽的最短长度需要在阻抗匹配和辐射性能良好的情况下进行折中。在本设计中，最短凹槽深度经过优化设计后设置为 0.785 mm。随后，采用三角调制形式，其余每个人工表面等离激元凹槽的深度能够被依次计算。此外，根据已有文献的研究[19]，辐射主波束角度和波数的关系通过公式计算，辐射的角度能够通过预测得到。根据已有的结论，调制周期影响波数和辐射角度，进而影响辐射频率。在本设计中，一个调制周期内包括 16 个人工表面等离激元单元，确定调制周期为 12.8 mm。这个取值在天线尽可能短的尺寸下仍然能够保持辐射性能良好。

　　经过调制，辐射得以实现，天线表现出良好的频率波束扫描特性。不同频点下 xoz 平面内的电场分布和 3D 远场辐射方向图如图 5.41 所示。这是分析天线辐射性能的基础。以三个频点作为实例，可以直观看出，电磁波能够向自由空间辐射并且主波束呈现频率扫描特性。在 9 GHz 处，天线实现在后向区域的辐射。在 11.0 GHz 处，天线实现在前向区域的辐射。在 10.18 GHz 处，主波束刚好指向天顶方向，实现边射方向的辐射。仿真的电场结果反映出此天线具有良好的频率波束扫描能力。需要注意的是，在实际设计中，第一个调制周期的第一个半周期既起辐射作用又充当了半模基片集成波导模式向混合人工表面等离激元-半模基片集成波导模式的平滑转换作用，这样能够减小设计的尺寸。图 5.42 是漏波天线的衰减常数色散曲线，这也是影响辐射性能的重要因素。从图中可以看出，此漏波天线在中心频率处的衰减常数大约为 0.015 dB/mm。

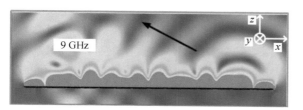

(a) 9 GHz 处电场分布

(b) 9 GHz 处远场辐射方向图

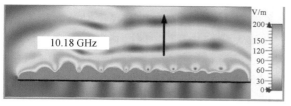

(c) 10.18 GHz 处电场分布

(d) 10.18 GHz 处远场辐射方向图

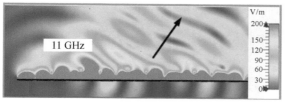

(e) 11 GHz 处电场分布

(f) 11 GHz 处远场辐射方向图

图 5.41　不同频点下 xoz 平面内的电场分布和 3D 远场辐射方向图

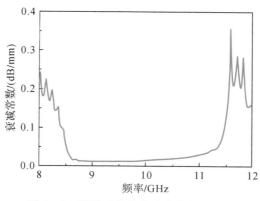

图 5.42　漏波天线的衰减常数色散曲线

　　为了验证所提出的理论并进一步证明此漏波天线具有良好的性能,对天线模型进行加工。采用矢量网络分析仪(型号为 Keysight E5080)对该天线的 S 参数进行测试。图 5.43（a）是天线实物图，图 5.43（b）是仿真和测试的 S 参数曲线。两条曲线的结果基本吻合，表明其工作频带为 9.0～11.4 GHz。通常来说，仿真结果是完全理想情况下的结果，但在实际测试时会存在如介电常数的不稳定和 SMA 的接头损耗等问题，因此仿真结果与测试结果略有偏差是不可避免的，在实际测试过程中，加工的精度和焊接技术都会影响测试结果。由图 5.43 可知，在工作频率范围内传输系数（S_{21}）在 -3～10 dB 范围内变化。根据天线的辐射效率或结构尺寸的需要，可以重新设置调制周期内人工表面等离激元凹槽个数。当凹槽数量增加时，更多的能量被泄漏，从而引起辐射效率和增益的提高。但是凹槽个数的增多也会导致天线尺寸变长。因此，当前凹槽个数的确定是在天线的辐射效率和结构尺寸之间进行了折中。另外，调制周期中凹槽最短深度的取值也会影响天线的辐射效率。因此，在设计所提出的混合人工表面等离激元—半模基片集成波导漏波天线时，应综合考虑各个影响因素。

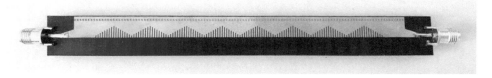

(a) 天线实物图

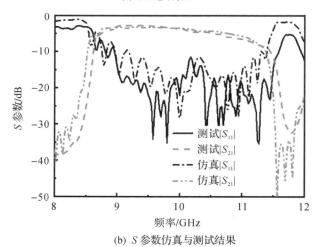

(b) S 参数仿真与测试结果

图 5.43　天线实物图和 S 参数仿真与测试结果

下面利用微波暗室对该天线的方向图进行测试。图 5.44 给出了此漏波天线在 9 GHz、9.5 GHz、10.18 GHz、11 GHz 和 11.4 GHz 五个频点处的仿真及测试的二维归一化主极化方向图。设置的观察平面都是图 5.39 中的 xoz 平面。从图 5.44 中可以看出，天线实现了单波束扫描，在下半空间没有辐射波束。与已有的基于人工表面等离激元和基片集成波导的波束扫描天线[23]进行对比，可以发现单一扫描波束具有更高的方向性。从图 5.44 所示的结果可看出，在整个工作频带内，天线的辐射性能相对稳定，测试与全波仿真的结果基本一致，这证明了之前的理论分析是相对准确的。所设计的漏波天线能够实现当频率从 9.0 GHz 到 11.4 GHz 时，辐射波束从后向（−48°）向前向（+69°）的连续扫描，扫描角度达到 117°。天线在边射位置没有"开阻带"现象。

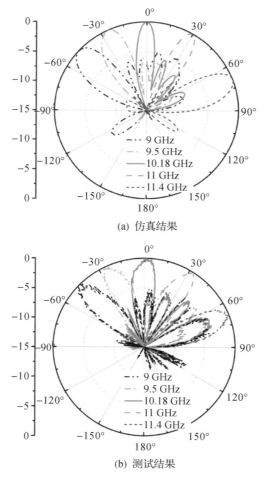

(a) 仿真结果

(b) 测试结果

图 5.44　天线远场辐射方向图的仿真与测试结果

图 5.45 给出了天线增益的仿真与测试结果。增益的测试数据是利用比较法得到的，会有部分校准误差。仿真结果与测试结果的趋势大体相同，增益处

在相同的水平。测试的最大增益为 8.27 dBi。随着频率的升高，增益有所提高，这是一个普遍现象，因为等效辐射面积会随着频率的增加而加大。但是由于人工表面等离激元传输线的固有属性，高频段的天线损耗逐渐增加，因此更高频段的天线增益有所下降。为了尽量避免这些问题，可以对过渡部分的结构进行更全面的优化。半模基片集成波导和人工表面等离激元-半模基片集成波导的模式不尽相同，过渡部分结构的优化对天线性能的稳定性有显著的影响。另外，通过优化阻抗调制特性（如改善调制周期和凹槽的形状）能够使天线增益趋于平缓。其他的功率损耗大多来源于介质损耗、导体损耗和回波损耗。虽然此天线存在一些无法避免的瑕疵，但是本设计中提出的漏波天线大体上依然表现出良好的频率扫描特性。

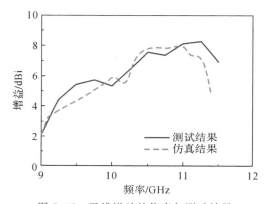

图 5.45　天线增益的仿真与测试结果

表 5.4 将此天线与其他同类天线作了对比。文献[23]中提出的频扫天线的扫描角度略宽于本设计中的天线，但是文献[23]中的天线具有更大的结构尺寸。文献[19]和文献[24]中设计的结构尺寸都较大，而且具有较窄的扫描角度，这是因为它们只能在前向区域进行频率波束扫描。与其他文献中的辐射结构相比较，本设计所提出的结构具有独特性。以文献[20]中的馈电结构为基础，本设计中的微带线到人工表面等离激元-半模基片集成波导转换结构同时作为调制周期的一部分，即这部分也参与能量的辐射。这种设计能够有效减小天线的长度，省去了传统设计人工表面等离激元-半模基片集成波导天线两端的过渡结构。与文献[23]中给出的结构相比，本设计中的天线有更简单的结构和更易加工的工艺。文献[23]中，刻蚀在基片集成波导下层金属面上的槽会引入更多的加工误差，在测试过程中可能会表现更差的性能。另外，文献[23]中刻蚀在下层金属面上的槽是用以消除"开阻带"现象的，而本设计中不需要加载

槽在下层金属上也可抑制这种现象。这是因为半模基片集成波导是半边结构特性，对称性的场分布被破坏，从而能够实现从后向向前向区域的连续扫描，不存在边射方向辐射特性恶化情况[25]。与文献[23]中应用的正弦调制形式不同的是，本设计应用的是三角调制形式。

表 5.4　本设计中的天线与文献中报道的其他同类天线的性能比较

文献	结构尺寸	中心频率/GHz	扫描角度/(°)	漏波结构
[19]	460 mm×60 mm (14.4λ×1.9λ)	9.15	13.4	人工表面等离激元
[24]	190 mm×20 mm (8.7λ×0.9λ)	13.7	35	人工表面等离激元-基片集成波导
[23]	200 mm×20 mm (7.4λ×0.74λ)	11.1	123	人工表面等离激元-基片集成波导
本设计	139.2 mm×15 mm (4.7λ×0.5λ)	10.18	117	人工表面等离激元-半模基片集成波导

这种利用人工表面等离激元与 HMSIW 的模式进行混合设计的频扫天线实现了复合设计，具有更紧凑的结构尺寸，其平面化的设计易于集成。所提出的天线并不仅限于微波频段，还可以拓展到光波段，用于光通信、光检测等应用场景所需的设备中。

5.3.5　"01"调制偶模人工表面等离激元

为了验证设计理论的通用性，本节设计并分析了一种平面凹槽深度呈现"01"形式分布的漏波天线。这种"01"调制漏波天线的结构如图 5.46 所示。同样采用一对共面波导结构对天线馈电。但是人工表面等离激元结构的凹槽深度符合以下形式：

$$h_i = \begin{cases} h_a & i = 1 \sim 4, 12 \sim 15 \\ h_b & i = 5 \sim 11 \end{cases} \tag{5.11}$$

式中：h_a 和 h_b 分别代表两种不同的人工表面等离激元凹槽深度，这里设置为 $h_a = 1.9$ mm，$h_b = 1.0$ mm；i 为人工表面等离激元单元的次序。天线一共包括 11 个漏波周期，每个漏波周期中含有 15 个人工表面等离激元小单元。中心导体结构的宽度为 $w_1 = 4.3$ mm。天线结构同样印制在 Rogers 4003C 的介质板上（$\varepsilon_r = 3.55$）。加工后的天线实物照片如图 5.46(b)所示。

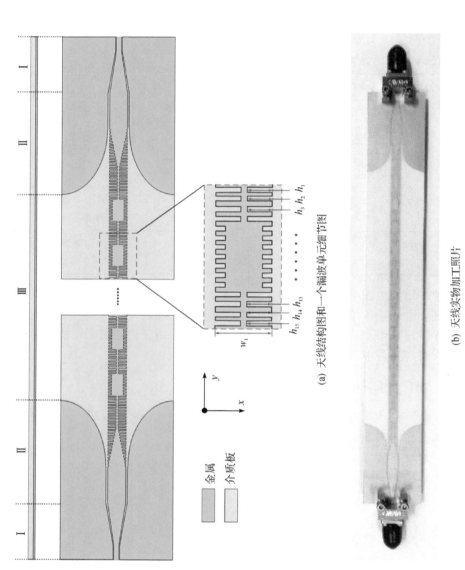

(a) 天线结构图和一个漏波单元细节图

(b) 天线实物加工照片

图 5.46　平面 "01" 调制天线结构图

　　由于色散曲线的提取方法与深度正弦调制的方法一样，这里不再赘述。图 5.47 是此漏波天线的 0 次、−1 次和−2 次的色散曲线。从图中可以明显看出，两个"闭阻带"和一个"开阻带"出现在色散曲线上。一个较宽的闭禁带出现在 9.3 GHz 左右，另一个窄禁带出现在 18.2 GHz 处，而"开阻带"在 15 GHz 处。一1 次空间谐波从 11 GHz 之后开始进入快波辐射区域。

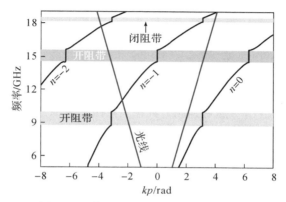

图 5.47　单元结构的理论计算色散曲线

　　这款深度"01"调制的漏波天线已经过加工和实物测试，测试的设备与前文描述的深度正弦调制人工表面等离激元漏波天线相一致。图 5.48 是天线的仿真和测试的 S 参数。正如色散曲线所预测的，天线在对应的工作频率附近分别有两个"闭阻带"和一个"开阻带"。同样地，图 5.49 为此漏波天线经过理论计算和仿真的扫描角度。两者同样具有较高的一致性，说明色散曲线的参数提取方法具有可靠性。

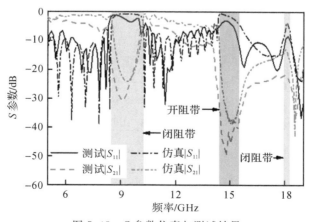

图 5.48　S 参数仿真与测试结果

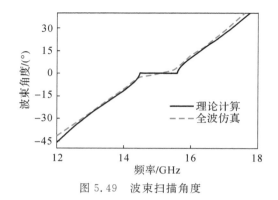

图 5.49　波束扫描角度

　　最后，利用微波暗室测试远场方向图。在四个频率下的归一化方向图结果在图 5.50 中给出。当频率从 12 GHz 增加到 18 GHz 时，天线的主波束指向角度为 $-44°\sim+48°$，验证了本方法能够良好地预测深度"01"调制的平面人工表面等离激元漏波天线。图 5.51 表明天线的增益仿真结果，结果表明，此天线在 17.5 GHz 处达到最大天线增益 11.4 dBi。从图中可以明显看出，在接近"开阻带"频率处增益明显下降。在 15 GHz 处增益降到最低为 2.3 dBi。之后增益开始慢慢回升，随着频率的升高，天线电尺寸增加，增益也逐渐升高。这种增益曲线明显凹陷的现象也与前文讨论的结果相符，可以看出，周期性漏波天线的设计需要慎重考虑"开阻带"效应对天线辐射性能的影响。

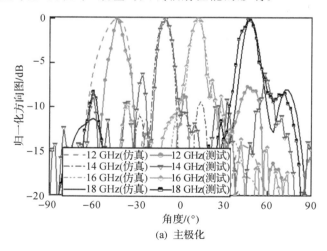

(a) 主极化

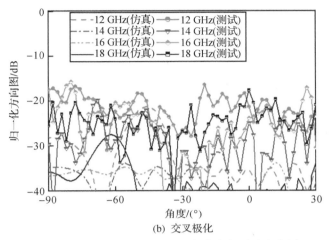

图 5.50　平面"01"调制天线远场仿真与测试方向图

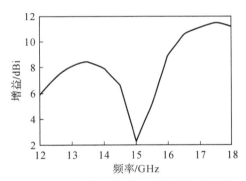

图 5.51　平面"01"调制天线增益仿真结果

本章参考文献

[1] ZHANG H C, LIU S, SHEN X, et al. Broadband amplification of spoof surface plasmon polaritons at microwave frequencies. Laser & Photonics Reviews, 2015, 9 (1): 83 - 90.

[2] MA H F, SHEN X, CHENG Q, et al. Broadband and high-efficiency conversion from guided waves to spoof surface plasmon polaritons. Laser & Photonics Reviews, 2014, 8 (1) 146 - 151.

[3] CHIO T H, SCHAUBERT D H. Parameter study and design of wideband widescan dual-polarized tapered slot antenna arrays. Antennas &

Propagation IEEE Transactions on, 2000, 48 (6): 879 – 886.

[4] DE OLIVEIRA A, PEROTONI M B, KOFUJI S T, et al. A palm tree antipodal vivaldi antenna with exponential slot edge for improved radiation pattern. IEEE Antennas & Wireless Propagation Letters, 2015, (99): 1334 – 1337.

[5] ZHOU B, CUI T J. Directivity enhancement to vivaldi antennas using compactly anisotropic zero-Index metamaterials. IEEE Antennas & Wireless Propagation Letters, 2011, 10 (4): 326 – 329.

[6] BURGHIGNOLI P, LOVAT G, JACKSON D R. Analysis and optimization of leaky-wave radiation at broadside from a class of 1-D periodic structures. Antennas & Propagation IEEE Transactions on, 2006, 54 (9): 2593 – 2604.

[7] OLINER A A, HESSEL A. Guided waves on sinusoidally-modulated reactance surfaces. Antennas & Propagation Ire Transactions on, 1959, 7 (5): 201 – 208.

[8] LIU L, LI Z, GU C, et al. Smooth bridge between guided waves and spoof surface plasmon polaritons. Optics Letters, 2015, 40 (8): 1810 – 1813.

[9] ZHANG H C, LIU L, HE P H, et al. A wide-angle broadband converter: from odd-mode spoof surface plasmon polaritons to spatial waves. IEEE Transactions on Antennas and Propagation, 2019, 67 (12): 7425 – 7432.

[10] LIU J, JACKSON D R, LI Y, et al. Investigations of SIW leaky-wave antenna for endfire-radiation with narrow beam and sidelobe suppression. IEEE Transactions on Antennas and Propagation, 2014, 62 (9): 4489 – 4497.

[11] LI Y, XUE Q, YUNG E K N, LONG Y. The periodic half-width microstrip leaky-wave antenna with a backward to forward scanning capability. IEEE Transactions on Antennas and Propagation, 2010, 58 (3): 963 – 966.

[12] KARMOKAR D K, GUO Y J, CHEN S L, et al. Composite right/left-handed leaky-wave antennas for wide-angle beam scanning with flexibly chosen frequency range. IEEE Transactions on Antennas and Propagation, 2020, 68 (1): 100 – 110.

[13] LI Y, XUE Q, YUNG E K N, et al. The backfire-to-broadside symmetrical beam-scanning periodic offset microstrip antenna. IEEE Transactions on Antennas and Propagation, 2010, 58 (11): 3499 – 3504.

[14] YE D, LI Y, LIANG Z, et al. Periodic triangle-truncated DSPSL-

based antenna with backfire to endfire beam-scanning capacity. IEEE Transactions on Antennas and Propagation, 2017, 65 (2): 845 - 849.

[15] RUDRAMUNI K K, KANDASAMY K, ZHANG Q, et al. Goubau-line leaky-wave antenna for wide-angle beam scanning from backfire to endfire. IEEE Antennas and Wireless Propagation Letters, 2018, 17 (8): 1571 - 1574.

[16] ALI M Z, KHAN Q U. High gain backward scanning substrate integrated waveguide leaky wave antenna. IEEE Transactions on Antennas and Propagation, 2021, 69 (1): 562 - 565.

[17] HAN Y, LI Y, MA H, et al. Multibeam antennas based on spoof surface plasmon polaritons mode coupling. IEEE Transactions on Antennas and Propagation, 2017, 65 (3): 1187 - 1192.

[18] ZHANG X F, FAN J, CHN J X. High gain and high-efficiency millimeter-wave antenna based on spoof surface plasmon polaritons. IEEE Transactions on Antennas and Propagation, 2019, 67 (1): 687-691.

[19] KONG G S, MA H F, CAI B G, et al. Continuous leaky-wave scanning using periodically modulated spoof plasmonic waveguide. Scientific Reports, 2016, 6 (1): 29600.

[20] GUAN D F, YOU P, ZHANG Q, et al. Slow-wave half-mode substrate integrated waveguide using spoof surface plasmon polariton structure. IEEE Transactions on Microwave Theory and Techniques, 2018, 66 (6): 2946 - 2952.

[21] ZHAO L, LI Y, CHEN Z M, et al. A band-pass filter based on half-mode substrate integrated waveguide and spoof surface plasmon polaritons. Scientific Reports, 2019, 9 (1): 13429.

[22] PANARETOS A H, WERNER D H. Spoof plasmon radiation using sinusoidally modulated corrugated reactance surfaces. Optics Express, 2016, 24 (3): 2443 - 2456.

[23] XU S D, GUAN D F, ZHANG Q, et al. A wide-angle narrowband leaky-Wave antenna based on substrate integrated waveguide-spoof surface plasmon polariton structure. IEEE Antennas and Wireless Propagation Letters, 2019, 18 (7): 1386 - 1389.

[24] GUAN D F, ZHANG Q, YOU P, et al. Scanning rate enhancement of

leaky-wave antennas using slow-wave substrate integrated waveguide structure. IEEE Transactions on Antennas and Propagation，2018，66 (7)：3747－3751.

[25] TANG X L，ZHANG Q，HU S，et al. Continuous beam steering through broadside using asymmetrically modulated goubau line leaky-wave antennas. Scientific Reports，2017，7 (1)：11685.